U0081490

默雷居士編

壽康食譜 初集

佛學書局印行

壽康素食譜序

天地之大德曰生。人類之大惡曰殺。佛氏之大功曰止殺。持齋素食者。止殺唯一之法門也。自邃古以來。人類習於茹毛飲血之風。視肉食爲當然之事。是故宗廟祭祀必以之。歲時候節必以之。賓朋宴會必以之。婚葬壽慶必以之。乃至殷實之家。非此而不歡。饕餮之子。無餐而不具。國危家亡。則曰祖宗不血食。良時吉日。則謀烹調以相娛。於是以弋以獵。以網以釣。水陸窮於搜羅。饗之割之。烹之熬之。口腹竭於甘旨。至於庖廚之中。刀俎之上。視宛轉而號楚者。曾若無覩也。嗟乎。世間之至不仁者。非人類歟。夫人與物同生於天地之間。同具好生惡死之性。今乃獨戕其命。以饜一己之口腹。反囂囂然自以爲至得。豈知上干天和。下積怨毒。寃抑之氣。鬱結而莫伸。報復之事。乘時而爆發。少則數十年。多則數百年。流而爲天災。激而爲人禍。演而爲浩劫。世界騷然。萬民塗炭。向之宰割烹熬。以啖以娛者。結果無不一一而自食其報。吾人鑒於亘古以來。水旱兵戈世世不絕之慘禍。其爲事豈不然哉。於是大覺慈尊。憫物類之慘死於刀俎庖廚也。與人類之苦厄於水旱兵戈也。乃大聲疾呼。以素食戒殺相號召。冀以全物命而消劫運。其憫世之深。與用心之苦。實未有逾於此者。吾嘗謂自素食之說倡。眞萬古最大功德事也。然世之君子。雖覺其說甚善。然終不免狃於積習。貪戀肥甘。致使素食之說。未能盡量推行於世。我佛慈心。未由完全實現。於是又有科學大家吳蘊初居士。本我佛之慈懷。具戒殺之婆心。製造味精醬油精等取材麵麩。其質素。其味芳。使人於烹飪之時。但和入少許。美味勝於肥甘。並設廠製造。推銷世界。其聲譽久已卓著。於是吾人乃歡然而鼓舞曰。將來使素食之風。完全而普及於世者。其以此乎。其以此乎。是又可謂世界最大功德事也。佛慈一大功臣也。然又恐世人昧於素食之利益。或未諳烹調之方法。致爲提倡素食之阻也。復挽編者。編輯壽康素食譜一書。分贈各界。以爲素食者烹飪之嚮導。其委曲周詳。樂善不倦之深心。實吾人所無限欽佩者也。書成。謹命筆而爲之序。

民國二十一年九月默雷居士序於上海佛學書局

壽康食譜目錄

壽康食譜　初集

甲編　點心類

第一種　炒麵

預備材料：

麵一斤。菜油或豆油三兩。香菌二兩。白菜數兩。菠菜二三兩。扁尖數條。筍四兩。切絲食鹽。醬油。味精。

製法：　把麵放入沸水中煮透至熟為止。不可過爛。撈起用冷水澆之。攤開令其乾爽。然後將鐵鍋燒熱。把油倒下。俟油已沸。將麵倒入鍋中。用鍋鏟亂炒。炒至麵現黃色。便把筍絲、白菜、菠菜、香菌、扁尖、食鹽、醬油、等放下。再炒數遍。并和少許香菌扁尖水、味精。須臾便熟。

第二種　燒賣

預備材料：

洋麵粉二斤。金針菜。京冬菜。木耳。香菌。素油（菜油豆油均可）各半兩。豆腐四五塊。味精少許。

製法：　將金針菜、京冬菜、木耳、香菌、豆腐等切成細末。置鉢中調和。加以食鹽、菜油、味精、等。再為拌勻。一面將麵粉以冷水調和。搓成長條。以刀切成寸長之塊。用手拍扁。中厚外薄。成為粉坯。然後將拌勻之菜屑包入。四面皺緊。為燒賣形。

入飯中蒸之。待熟食之。清香適口。

第三種　豆腐漿

豆腐漿是現在市面上最普通的食品了。他的食法。分甜吃鹹吃二種。甜吃極簡便。祗消每天早晨向豆腐店內買豆漿一碗。加以白糖。味精。便好吃了。這是第一種吃法。

至於鹹吃。可將買來的豆漿。略爲燒熱。加些醬油、麻油、味精。及預先燒熟的素油（以下凡豆油、菜油等。總稱素油。）少許。清香可口。

但是我還曉得一種吃法。就是買豆腐漿一碗。加入未摻水的甜酒釀。味亦好吃。如不甜。可再入白糖少許。這種吃法。聽說很補。這是豆腐漿的第三種吃法。

第四種　豆腐花

預備材料：

豆腐花一大碗。素油。麻油。
味精。醬油。各少許。

製法：　先將素油在鍋中燒熟。後將豆腐花倒入鍋中。同時把醬油放入。俟其沸後。將鍋鏟輕輕翻動。再沸一二透後。洒以味精少許。便好盛起。吃飯時以此代湯。味極佳。

第五種　八寶飯

預備材料：

白糯米一升。白糖半斤。蜜棗。
桂圓。蓮子。各二三兩。菜油半斤。蜜葡萄二十粒。芡實二十粒。

製法：　將糯米淘淨入甑蒸熟。再傾入瓦鉢中。以白糖菜油熬熟。同糯米飯拌之極勻。再將去核的桂圓、蜜棗、及蓮子(去心)芡實、蜜葡萄等。鋪於碗底。盛糯米飯于其上。上覆洋盆。再蒸一次。取出翻轉。於是桂圓蜜棗都蓋在飯上了。略爲拌勻。喜甜食者。以充點心最佳。

乙編　冷盆類

第一種　醃豆腐

預備材料：

豆腐二塊。　醬油二兩。　芝麻醬二調羹。　麻油。　香椿頭。　各少許。

製法：　將豆腐用冷水漂淨。切成小塊。

再將香椿頭切之極細。一起倒入碗內。加入醬油芝麻醬。然後灑麻油洒味精少許。其味無窮。

第二種　拌黃瓜片

預備材料：

黃瓜一斤。　菜油二兩。　白糖。　麻油。　各少許。

製法：　將黃瓜剖開。挖去其子。切爲薄片。置鉢中。以食鹽擦之。然後用水漂清。加以白糖。將菜油燒熟。乘熱倒入鉢內。以筷拌勻後再調以味精。清脆可口。

第三種　拌茄子

預備材料：

茄子一斤。　菜油一兩。(先燒沸)

甜醬、三匙。 麻油半匙。 醬油二兩。

製法： 將茄子洗淨。不必除去茄柄。入鍋中煮熟。將茄子取出撕成細條。盛於盆碟中。食時醮以甜醬。或醬麻油和味精。（醬油麻油及燒熟之菜油調和一起）味極鮮美。

第四種 拌絲瓜

預備材料：

絲瓜二斤。 菜油二兩。 食鹽。

麻油。 白糖 陳醋。 薑屑。 各少許。

製法： 將絲瓜刨皮洗淨。醃以食鹽。於日中攤開晒之。及其乾後。以刀切成小塊。如骰子形。再和以菜油白糖等入鍋蒸之。及熟盛入盆碟。拌以陳醋蔴油薑屑等。即成。

第五種 豆腐鬆

預備材料：

豆腐三四塊。 醬瓜、 醬薑、各二一塊。 菜油二兩。 麻油、 白糖、各少許。 乳腐湯汁二三匙。 味精。

製法： 將豆腐置鍋中多加清水煮至三數小時後。把他取出一塊一塊的用網搾去其汁。并將所煮之水傾去。然後將油倒鐵鍋中燒沸。放下豆腐炒之。炒至相當時候。再放下醬瓜醬薑等。再炒一會。又將白糖、乳腐汁、味精、等加入炒勻。

鑊起盛盆碟中和以麻[illegible]。其味和[illegible]的[illegible]鬆無二。

第六種　蘿蔔鬆

預備材料：

蘿蔔二斤。　菜油三兩。　鹽一兩。

白糖各少許。

製法：　將蘿蔔刨成細絲。拌以食鹽。搾去辣水。再將菜油倒入鍋中燒沸。然後把蘿蔔絲倒入鍋中炒之。不一會。撒以食鹽。再炒數過。復以除將白糖和入。不久使炒好了。味甚適口。

第七種　醃蠶豆

預備材料：

新出蠶豆一斤。　醬油三四兩。

味精。　醬油精。　麻油。　各少許。

製法：　將蠶豆剝殼去[illegible]。[illegible]飯[illegible]上[illegible]熟。取出攤冷。再將醬油、麻油、味精、醬油精等拌之即成。

第八種　醃芹菜

預備材料：

水芹兩把。　醬油二兩。　白糖。

麻油。　味精。　各少許。

製法：　將水芹去葉。洗淨。入鍋煮熟。撈起切斷之。盛入盆碟中。以醬油、麻油、味精、白糖等拌之便可。

第九種　醃粉皮

預備材料：

粉皮一斤。　黃瓜一條。　食鹽。

醬油。麻油。味精。各少許。

製法：將粉皮切絲。在熱水內漂過。又將黃瓜挖去其子。切絲。用鹽擦去瓜汁。然後將粉皮絲。黃瓜絲。一起盛於盆碟中。再以味精醬油麻油等拌之。鮮美適口。

第十種　醃油菜梗

預備材料：

油菜梗半斤。食鹽。醬油。麻油。味精。各若干。

製法：將油菜梗削去皮筋。以食鹽擦之。然後盛以盆碟。用醬油、麻油、味精等拌之。其味頗佳。

第十一種　醃乳腐

預備材料：

嫩豆腐十塊。鹽半斤。香菌湯一碗。陳黃酒。花椒。橘皮等各若干。

製法：將豆腐切方小塊。置暖處霉透。然後用小甏。將豆腐鋪在內面。每鋪一層散一把鹽。及其裝好。再倒入香菌湯、陳黃酒、花椒、橘皮等。過二十六天後。便可以取出來吃了。但是這種食品。祇宜在冬日製造。其他各季製出來的都不好吃。這是要注意的。

第十二種　醃白菜(即黃芽菜)

預備材料：

白菜一斤。食鹽。白糖。各一

兩。醋一匙。

製法：　將白菜洗淨切碎。用鹽拌之。約半小時。再將陳醋白糖加入拌之。酸美可口。別有風味。

丙編　熱炒類

第一種　炒芹菜

預備材料：

水芹兩把。豆腐乾六塊。素油二兩。鹽。醬油　白糖。麻油。味精等。各少許。

製法：　將水芹去葉。洗淨。以刀切斷。倒油入鍋。燒沸後。再將水芹放下。以鑊炒之。及至半熟。加入豆腐乾、食鹽、醬油等。再炒一過。又加些白糖、味精、麻油等。便可把碗盛起。味甚清香。

第二種　炒茄子

預備材料：

茄子一斤。素油。醬油。各二兩。食鹽。陳黃酒。白糖。麻油。甜密醬。味精。各少許。

製法：　將茄子去柄洗淨。切成一二分厚之塊。入熱油鍋中炒之。至半熟時。下以食鹽、醬油、甜蜜醬、陳酒等。炒至將熟。略加白糖。起鍋後。再加麻油味精少許。用加餐飯。其味頗美。

第三種　炒菠菜

預備材料：

菠菜一斤。素油一兩。醬油。

陳黃酒。各數匙。

製法：將菠菜洗淨倒入熱油鍋中炒之至半熟。下以陳黃酒。將熟時加入味精。醬油。再炒一過。便可起鍋。

第四種　炒莧菜

預備材料：莧菜一斤。素油。醬油。各一兩。陳黃酒。白糖。味精。各少許。

製法：將莧菜洗淨。煮於中燒水略軟。然後將油燒沸。把莧菜倒入鍋中炒之。至半熟。下陳黃酒。再炒一會。下以醬油。與味精少許。少時便熟。

第五種　炒素三鮮

預備材料：油豆腐三兩。素油一兩。醬油二匙。香菌。木耳。筍乾等。各半兩。食鹽。白糖。麻油。味精。各少許。

製法：將筍乾於一二日前以溫水浸漲。至用時以刀切成細絲。再將油豆腐每一個切做四塊。香菌、木耳、亦須於臨用前數小時以溫水發漲。然後將油倒入鍋中燒沸。于是將油豆腐、筍乾、香菌、木耳等、倒入鍋中炒之。過片時。加入食鹽醬油及清水。閉蓋煮之十餘分鐘後。入糖少許。起鍋後。再加麻油味精少許。即成。味勝葷菜。

第六種　炒白菜

預備材料：白菜半斤。素油一兩。醬油。白糖。各少許。

製法：將白菜切成細條。倒入熱油鍋中炒之。稍過一會。便加入醬油。幷倒些清水。將熟時加糖再炒一會便好了。

第七種　炒絲瓜

預備材料：絲瓜一斤半。素油二兩。毛豆子二匙。食鹽。味精。醬油。各少許。

製法：將絲瓜刨去青皮。切爲斜塊。然後將油燒沸。以絲瓜入鍋炒之。炒數過。放入毛豆子。將熟時。和以食鹽醬油味精等各少許。再煮一二透。即可起鍋了。甘脆有味。

第八種　炒冬瓜

預備材料：冬瓜一斤。素油一兩。醬油。食鹽　白糖　麻油　味精　各少許。木耳　香菌　各幾隻。

製法：將冬瓜削皮去子。切成長方形之塊。將油入鍋燒沸。倒冬瓜入鍋煎之。至半熟。將香菌木耳（預先數小時浸漲）放下一同炒之。片時。再下醬油清水。起鍋後。略加幾點麻油。便覺鮮美可口了。

第九種　炒芋艿（即毛芋）

預備材料：芋艿一斤。(宜擇小者) 素油二兩。 醬油 食鹽 味精 各少許。

製法： 將芋艿刨去皮毛。入水洗淨。倒入鍋中加清水煮之至熟。便撈起。倒去所煮之水。再傾油入鍋燒沸。將已煮熟之芋艿放下。略炒一炒。放下食鹽醬油味精等炒勻後。再加清水。閉着蓋煮一二過即熟。

第十種 炒素肉絲

預備材料：

麵筋乾六兩。 嫩筍四兩。 菜油 醬油 各約一兩。 金針菜十餘根。 乾豆腐二塊。 麻油 白糖 各少許。

製法： 先將金針菜入溫水浸透。然後將麵筋切為細絲。長可寸許。嫩筍及豆腐乾亦一同切為細絲。於是倒油入鍋。燒沸後。將麵筋乾、筍絲、豆腐乾絲、金針菜等一併入鍋炒之。數分鐘後。加入醬油閉鍋蓋煮一會。再加白糖。又煮少時便可起鍋了。

第十一種 炒素肉

預備材料：

麵筋一斤。 嫩筍四隻。 素油四兩。 醬油半杯。 金針一兩。 木耳半兩。 食鹽 麻油 各少許。

冰糖半兩。

製法：　先將金針菜木耳以水發漲。再將麵筋切成肉片之狀。嫩筍亦切成薄片。於是將麵筋入油鍋煎透。再加入金針菜、木耳、筍片、及食鹽醬油等。入鍋中閉蓋煮之。煮數透後。加以冰糖。起鍋再加麻油。味極香美。

第十二種　炒素雞

預備材料：

百葉十二張。　素油　醬油　各三兩。　冬菰　木耳　扁尖　各半兩。　食鹽　白糖　蒸粉　麻油　味精　各少許。

製法：　將百葉先用熱鹼水漂過。然後每四張疊好緊扎之。放鍋中燒熟。然後鏟起。以刀斷去其綑。切成雞片狀。再將鐵鍋燒熱。倒入素油。及油已熟。便將素雞片倒入鍋中炒之。閉鍋蓋燒之數過。然後開鍋蓋。加入白糖少許。並將蒸粉調成薄醬。倒入鍋內。用鏟徐徐攪之。及粉醬漸漸濃厚。便可起鍋。灑以麻油味精。其味極甘美。

第十三種　炒素鴨

預備材料：

千層十六張。　素油三四兩。　醬油一兩。　赤沙糖一兩。　麻油半兩。　花椒少許。

製法：　先將千層在熱鹼水內漂過。然後撈起攤乾。再將赤沙糖醬油麻油花椒倒入碗內。用溫水泡之。攪成濃汁。於是把濃汁在千層上一張一張的塗沫起來。塗一張。疊一張。疊至二寸厚許。摺之成捲。闊一寸。再入油鍋中煎之。煎至通體黃透。即鏟起切成鴨塊狀。盛入盆碟。加以麻油。便已好了。若欲加以甜醬或醋並味精等。都可以隨各人的嗜好罷。

第十四種　炒素包圓

預備材料：

豆腐衣三張。　素油一兩。　醬油一兩。　小白菜二三兩。　嫩筍一隻。　香豆腐乾三塊。　白糖少許。

製法：　先將香豆腐乾。小白菜。嫩筍切成細屑。拌勻浸於醬油中。然後將豆腐衣切成小方塊。將菜屑一個一個的用豈腐衣包好。入油鍋

煎之。將熟時。下以醬油清水。再燒一過。和以白糖少許。便可起鍋了。

丁編　小湯類

第一種　菠菜豆腐湯

預備材料：

菠菜半斤。　豆腐二塊。　豆豉醬一匙。　食鹽　麻油　蒸粉　味精　白糖各少許。　筍片五六片。

製法：　將菠菜洗淨。又將豆腐切成薄塊。然後放入鍋內。以清水煮之。煮透後。洒以食鹽。略為攪動。閉鍋蓋再煮數過。將起鍋時。加入麻油豆豉醬。味精。白糖。蒸粉等各少許。味極鮮美。

第二種　菠菜湯

預備材料：

菠菜半斤。　嫩筍一條。　香菌五六隻。　食鹽　麻油各少許。　味精少許。

製法：　菠菜須擇嫩者。洗淨後同筍片、香菌、同倒鍋內。洒以食鹽。以清水煮之。熟後盛入碗中。加以味精麻油。便覺芬香可口了。

第三種　冬筍湯

預備材料：

冬筍一隻。　雪裏紅三四兩。　食鹽　麻油　各少許。

製法：　將冬筍去殼洗淨。切為薄片。雪裏紅洗淨。切為細屑。一同入鍋清水煮之。煮熟後。盛入碗內。洒以麻油。清香適口。

第四種　香菌湯

預備材料：

香菌十二隻。　嫩筍一條。　白菓八九個。　陳黃酒　食鹽各少許。

製法：　先將香菌清水浸透。又將白菓入鍋以水煮熟。剝去其殼。筍切薄片。一同盛入湯碗中。加以香菌湯。於燒飯時置飯鍋蒸之。飯熟而湯亦成矣。如再加些味精醬油精。那就更香美了。

第五種　絲瓜湯

預備材料：

絲瓜半斤。　素油一兩。　新出毛

豆半杯。 食鹽少許。

製法： 將絲瓜刨皮洗淨。切成斜塊。放熱油鍋裏略炒一過。又將剝淨毛豆倒入。加以食鹽。清水煮之。及絲瓜毛豆俱已熟透。便可起鍋。炒吃亦佳。

第六種 毛豆子湯

預備材料：

毛豆子一小杯。 豆腐一塊。 筍屑 扁尖屑 食鹽 蒸粉 麻油等 各少許。

製法： 將豆腐以水漂清。切為小塊。同毛豆子、筍屑、扁尖屑、入鍋中清水煮之。及沸後。和入食鹽。再煮一下。加入蒸粉麻油。便可起鍋。味最

鮮潔。

第七種 榨菜湯

預備材料：

榨菜一兩。 冬筍二兩。 香菌六隻。 醬油二匙 味精 麻油 各少許。

製法： 先將香菌清水發漲。再將冬筍榨菜切為細絲。同入鍋內。即以浸香菌之水為湯煮之。和以醬油。煮一二透。盛入碗中。加以麻油及味精。鮮潔可口。

第八種 菉豆湯 又名小圓豆

預備材料

菉豆半斤。 素油一兩。 香菌六

隻。醬油二匙。味精　食鹽各少許。

製法：　先半日將蒄豆溫水浸漲。香菌預先以清水發透。香菌切爲小塊。然後將蒄豆入鍋以清水煮二小時。及豆爛熟方將素油。香菌。放下煮之。和以醬油。將起鍋時。下以味精。便覺芳香有味了。

第九種　蘿蔔湯

預備材料：

蘿蔔約半斤。冬筍一條。醬油二匙。麻油少許。香菌六隻。食鹽少許，

製法：　將蘿蔔刨皮洗淨。切成稍厚之塊。入鍋以清水煮至半熟。再將筍片及香菌放下。並下醬油。及食鹽少許。香菌湯亦可一併倒入。起鍋時。加以麻油。便可吃了。

第十種　冰豆腐湯

預備材料：

冰豆腐三塊。冬筍一條。榨菜

食鹽　麻油　味精　各少許。

製法：　先用熱水將冰豆腐溶解。切成薄塊。與筍片榨菜絲一併倒入鍋內。清水煮之。並下食鹽二三透。後加入麻油。味精。便可起鍋了。

第十一種　素湯三鮮

預備材料：

百葉四張。豆腐衣一張。素油 醬油各一兩。香菌十隻。冬筍二兩。麻油少許。味精少許。

製法： 預先將香菌以水浸透。又將百葉以溫水漂清。一一捲成長條。再用豆腐衣自外包之。置蒸飯上蒸透。取出切成寸斷。入油鍋中炒之。再鏟起盛入碗中。香菌筍片等亦一併盛入碗中。和以醬油香菌湯。再放在蒸飯上蒸一次。然後取出。和以麻油。便好吃了。

第十二種 細粉湯

預備材料：

細粉半斤。香菌六隻。毛豆子半杯。油麵筋八個。醬油 麻油 食鹽各少許。

製法： 將細粉在清水中浸透。又另用碗盛清水將香菌浸漲。然後將細粉、香菌、油麵筋、毛豆子等一齊倒在鍋內。加以醬油香菌湯。如水太少再加清水少許。連煮幾透。便可起鍋。滴些麻油就可以吃了。

第十三種 三絲湯

預備材料：

香菌十二隻。嫩筍一條。扁尖(即白筍)五條。食鹽 麻油 味精 各少許。

製法： 先將香菌洗淨。用清水入鍋煮湯。再撈起香菌。同嫩筍扁尖等一併切絲。然後一同盛入碗內。撒入食鹽。將所煮之香菌湯亦盛入碗內放在甑上蒸之數透。然後取出。滴入麻油。鮮美無比。

第十四種　木耳湯

預備材料：

木耳四錢。冬筍一隻。醬油二匙。麻油　味精　各少許，

製法：　先將木耳以水浸透。洗淨。又將筍切薄片。然後將筍片放在碗內。又將洗淨的木耳放在筍片上面。加以醬油熱湯。放在甑上蒸之。蒸透後取出。和以少許麻油及味精。

戊編　大湯類

第一種　素三鮮

預備材料：

油麵筋二十四個。冬筍二兩。香菌八隻。素油二兩。醬油及白糖各一兩。麻油少許。蒸粉少許。

製法：　將香菌以水浸透。然後同冬筍一同切為細絲。又將油麵筋切碎。於是將香菌、冬筍、麵筋、一同入倒熱油鍋中。酌加清水。煮一二透。放下醬油。再煮兩透。又和以白糖。幷蒸粉。起鍋時。滴麻油少許。

第二種　紅燒山藥

預備材料：

山藥一斤。冬筍　菜油　醬油各二兩許。白糖半兩。白礬末

少許。　味精少許

製法：　先一日將山藥刨皮洗淨。以清水浸之。入礬末少許。至用時將山藥取出。洗淨。切爲方塊。再將油入鍋燒沸。倒山藥入鍋炒之。又加相當清水。閉鍋蓋煮之。半熟。放下食鹽醬油。將熟時。又將白糖和入。少時。再和入味精少許。以鏟鏟勻。即便起鍋。味甚香美。

第三種　大燒茄子

預備材料：

茄子二斤。　油麵筋十五個。　素油四兩。　醬油一兩。　食鹽　薑絲　各少許。　白糖一兩。　味精錢許。

製法：　將茄子去柄洗淨。切成厚塊。於熱油鍋內煎炒一次。然後撒入薑絲。食鹽。半碗清水。煮之。半熟。放下油麵筋。再沸一度。陸續的再下醬油、味精、白糖等。便可起鍋。

第四種　油麵筋湯

預備材料：

油麵筋十五個。　嫩筍一隻。　香菌八隻。　毛豆子半杯。　醬油一兩。麻油味精各少許。

製法：　將香菌洗淨。入鍋加清水煮湯。另用大碗。將香菌、筍片、毛豆子盛入。再將油麵筋鋪於其上。以熱香菌湯澆之。加入醬油。食時取出。滴入麻油。灑以味精少許便可。

第五種　八寶素肉丸

預備材料：豆腐四塊。嫩笋一隻。香菌八隻。菜油。醬油各二兩。扁尖六根。蒸粉四食匙。白糖　麻油　陳黃酒　各少許。荸薺松仁瓜薑各少許。

製法：　先將豆腐以清水漂過。用綢榨去汁水。然後將嫩筍、香菌、荸薺、扁尖、松仁瓜薑等。一起切成細末。和以蒸粉。做成肉丸狀。再將菜油倒入鍋中燒之極熱。傾入素肉丸煎透。然後以醬油陳黃酒灑之。再煮一二透。又和以白糖。起鍋後。滴入麻油少許。便好吃了。

第六種　神仙茄

預備材料：茄子二斤。豆腐二塊。香菌六隻。麻菇六隻。扁尖六根。麻菇湯一碗。醬油四兩。食鹽味精　白糖　各少許。

製法：　先將香菌、麻菇、扁尖等。切為細屑。又將豆腐弄碎。與香菌等屑一同拌勻。和入食鹽、味精、醬油、各少許。然後將茄子去柄洗淨。挖空其子。將各種香屑納入茄腹中。及滿。仍將茄柄蓋着其口。以免香菌等屑溢出茄外。然後將麻菇湯倒入鍋內。將茄子放入煮之。煮數透後。改用文火。緩緩煮之。加入醬油。至熟時。和入白糖味精。不久便已好了。

己編 鹽菜類

第一種 鹽金花菜（即草頭）

預備材料：

金花菜十五斤。 鹽三斤。 大小茴香各三兩。

製法： 將金花菜洗淨。盛入缸中。以鹽醃之四五日後。撈起攤開。晒至微乾。再盛入另一罈中。每盛一層。即以茴香醃之。如是一層一層。及滿。以稻草或麥稈塞其口。將罈翻轉倒立於木盆之上。經二十餘日。便可取食。

第二種 鹽菜心

預備材料：

菜心十五斤。 鹽三斤。 甘草茴香各二兩。

製法： 將白菜切根去葉。留取菜心。洗淨置缸中。以足踏緊。用鹽醃勻。再加上甘草茴香等。重石壓之。嚴封缸口。一月後可食。

第三種 鹽茄子

預備材料：

茄子二斤。 食鹽半斤。 白糖四兩。 甘草茴香等香料少許。

製法： 將茄子洗淨。切爲薄片。入罈內以鹽醃之。隔日取出。與甘草茴香一同入鍋內燒之。既熟。盛起攤冷。再放入罈內。嚴封其口。隨時可以取食。

第四種 鹽黃瓜乾

預備材料：

黃瓜十五斤。食鹽四斤。

製法：　將黃瓜切開。去子與否。均可隨意。入水洗淨。於烈日下晒之微乾。然後盛入缸中。以鹽醃之。用重石緊壓三四日後。取出晒乾。裝入罎中。以紙類緊扎其口。免其回潮。隨時可以取食。

第五種　鹽麵筋

預備材料：

油麵筋四斤。食鹽十二兩。醬油二斤半。

製法：　先用籠一只。底舖以稻草。然後將麵筋入鍋煮熟。撈出攤置於稻草之上。又用稻草覆之。置於暖室。介其發酵。並生微菌。然後盛入罎中。以鹽醃之。又以醬油浸之。半月後。便可取食。

以上五種。食時調以味精。更加鮮美。

庚編　燻菜類

第一類　燻茭白

預備材料：

茭白二斤。醬油三兩。白糖麻油各少許。木屑一斤。

製法：　將茭白的殼洗淨。以刀切為兩片。入鍋內清水煮熟。然後撈起。舖在燻架。將所煮之水傾去。然後用木屑舖在鍋底。置燻架其上。然後以蓋蓋之。使烟不外散。下用文火燒木屑。使發烟。間以醬油麻油白糖等塗茭白上。燻好取出。切而食之。味甚香美。

第二種　燻油麵筋

預備材料：

油麵筋十兩。醬油六兩。素油

食鹽　小茴香末　各少許。

杉木屑一斤。

製法：將油麵筋入鍋以少許清水煮之。加入少許醬油煮透撈起。仍照前法以杉木屑燻之。惟須時時將油麵筋翻轉。以免偏枯偏黃之弊。燻就盛於盆碟中。食時以燒熟之素油倒入醬油杯中。再和以食鹽、以及、小茴香末。或味精等。味甚香美。

第三種　燻筍

預備材料：

筍二斤。醬油二兩。麻油白糖

各少許。木屑一斤半

製法：將筍去殼洗淨。切開盛盤碟中。入飯鍋蒸之熟透。如前法燻之。時時塗以醬油麻油白糖等汁（預先調好）燻就取出。切而食之。其味甚佳。

第四種　燻茄子

預備材料：

茄子一斤。素油（燒熟）食鹽　醬油

麻油　味精　白糖　等各少許。

茶葉六兩（已泡過而晒乾者亦可以代木屑之用）

製法：將茄子去柄洗淨。切爲四開。以食鹽醃之。然後入鍋煮熟。照前法以茶葉代木屑燻之。又將燒熟素油與醬油、食鹽、麻油、味精、白糖等調和盛杯中時時塗於茄上。不久即已爛就矣。

辛編 糟菜類

第一種 糟鷄毛菜

預備材料：

雞毛菜一斤。 香糟半斤。

製法： 先將香糟袋鋪於缽底。再將鷄毛菜洗淨煮熟。撈起置於缽內香糟之上。以蓋緊閉之。不久便可取食。

第二種 糟豆腐

預備材料：

豆腐四塊。 香糟二兩 食鹽 醬油 麻油等各少許。

製法： 將豆腐切爲小塊成方。醃以食鹽。再盛入缽中。加上香糟。一小時後。再加以醬油麻油。即可食矣。

第三種 糟麵筋

預備材料：

油麵筋一斤。 香糟半斤。 醬油五兩。 食鹽三兩。

製法： 將油麵筋每個剪一小口。和水入鍋煮之。一沸後加鹽及醬油。二沸後撈起。盛於缽中。用糟浸之。閉緊其蓋。不一會。便可取出食之。

第四種 糟菠菜

預備材料：

菠葉半斤。 香糟四兩。

製法： 先將菠菜洗淨煮熟。盛入缽內。

放入香糟袋。閉蓋片時。即須揭開。以免菠菜焖黃。

以上四種食時調以味精。其味尤佳。

壬編　醬菜類

第一種　醬蘿蔔

預備材料：

蘿蔔十五斤。　食鹽二斤。　甜密醬二斤。

製法：　將蘿蔔洗淨。切爲長條。盛於缸內。以食鹽腌之。大石緊壓。三日後撈起瀝乾。再以甜密醬醬之。約半月。即可食矣。味甚甘脆。

第二種　甜醬瓜

預備材料：

極嫩生黃瓜十斤。　食鹽二斤。

甜醬十斤。

製法：　將瓜對切二片。有子者必須剜去其子。盛入缸中。以鹽腌之。隔日起出。先入次醬。然後浸入甜醬。俟瓜色變黃。即可食矣。

第三種　醬生薑

預備材料：

嫩薑二十斤。　食鹽三斤。　醬十五斤。

製法：　將嫩薑去皮。洗淨。入缸以鹽腌之。隔日取出瀝乾。初放入次醬內。半日後再以甜醬拌之。半月後即可食矣。

第四種　醬筍

預備材料：

筍二十斤。醬油二斤。甜醬五斤。

製法：　將筍去殼洗淨。入甑蒸之。甫熟即當起出。勿使過熟。亦勿使過生。然後一一裝入絹袋。緊扎其口。放入醬油缸中。隔夜起出。再放入甜醬缸中浸之。三數日後。便可吃矣。

癸編　茶飲類

第一種　檸檬茶

預備材料：

檸檬果一個。　咖啡茶二匙。

製法：　將咖啡茶倒入玻璃杯中。以沸水泡之。成為濃汁。及冷撈去茶叶。分盛數杯。然後將檸檬切為薄片。每杯各放三片。以匙壓之。勿使浮起。再用沸水泡之。酸美異常。

第二種　人造咖啡茶

預備材料：

柿核一斤。　白糖四兩。

製法：　將柿核洗淨。入熱鍋炒脆。然後入石磨磨之成粉。置入玻璃杯中。加以白糖。或加香蕉糖檸檬糖亦可。再以沸水泡之。其味與真咖啡無二。

味精贊

太虛

一切有情　皆衣食住
四食段先　三塵味至
味引食欲　殺傷乃滋
得此素味　庶幾能慈
由一味精　成諸妙味
平等大悲　於焉是寄
普吉十方　永斷肉食
證味圓通　一門深入

味精能挽劫運說（印光法師文鈔雜著）

印光

飲食於人。關係甚大。得之則生。弗得則死。故曰食爲民天。然天地既爲人生種種穀。種種菜。種種果。養人之物。亦良多矣。而以口腹之故。取水陸空行諸物殺而食之。以圖一時之悅口。絕不計及彼等與吾同稟靈明之性。同賦血肉之軀。同知疼痛苦樂。同知貪生怕死。但以力弗能敵。被我殺而食之。能不懷怨結恨。以圖報於來世乎。試一思之。能不惴惴。忍一時悅口之故。於未來世受被殺戮乎哉。願雲禪師云。千百年來碗裏羹。怨深似海恨難平。欲知世上刀兵劫。但聽屠門夜半聲。詳味斯言。可以悟矣。奈世人習慣肉食。勸其吃素。縱有惻隱之心。亦不易從。以無滋味以佐食。故近有化學大家吳蘊初君。有心世道。欲挽殺劫。特專精研究食味一事。乃取麥麩洗出麵筋。醞釀多日。製成醬精味精。以資飲食之味。其意亦良厚矣。此品其質醇厚。絕無葷物。願吃素之人。放心用之。光初聞其說。尚不敢信。一日。林滌庵夫婦同來皈依。因與說食肉結果之慘。天災人禍。多從殺生食肉而起。奈世人多以口舌滋味所誤。故難消滅其根本也。彼遂言吳君所製味精醬精甚鮮美。若着少許於食中。卽粗糲亦等珍饈矣。因請光偕江味農居士。幷二三友人。同往其廠。看其製法。深佩吳君一番苦心，以此品一行。不但救護物命。且能令同人解怨釋結。俾與一切物類。同得共生於天地之間。以各盡天年。其利蓋大矣。孟子曰。矢人豈不仁於函人哉。矢人惟恐不傷人。函人惟恐傷人。巫匠亦然。故術不可不慎也。竊謂吳君此品。藝也。而進乎道矣。出此以行世求利也。而實含利人利物救國救民之深益矣。其功偉哉。慈受深禪師云。飲食於人日月長。精粗隨分塞飢瘡。下喉三寸成何物。不用將心細較量。況有此品以輔之。宜一切人各各吃素。以保我身世世生生不遭殺劫。明哲君子。當不以光言爲迂腐也。

民國十二年癸亥月古莘常慚愧僧印光謹撰

參觀天廚味精廠記

世界佛教居士林林刊編輯處

本林同人。知印光老法師嘗參觀天廚廠。而爲味精能挽劫運說。頗嚮往之。一日。特偸閒備車。請本林主講能禪法師。領同人前往參觀。當由味精創製人。即該廠廠務經理吳蘊初君。並批發所長王東園君。導引於第一廠。逐部流覽。隨事說明。見其原料。純用麥麩造成麵筋，稱量入甕。然後移甕蒸池中。甕外周圍食油。甕口密對。通以玻璃管。管出屋頂。玻璃外池底加熱蒸之。熱度高下。及蒸時長短。均有定準。頗合科學規律。甕內麵筋既經蒸發。廢料自由管排出。而精華自存其中。至合度時。從池中取出。移置他屋。俟其冷而凝結。乃成定質。色白。加以種種提煉之功。使之淨潔。又依科學方法。使變流質而色黃。此間又幾經意匠。汰雜存純。又復通以電機。連以鐵管。加以冷壓。使成定質而色又轉白。此第一廠諸工作也。覽畢同往第二廠。正值添築屋宇。裝置機器。因味精製造初成。粉多結晶。必須加工研細。不得不多用機械也。此第二廠稱量裝瓶諸務。皆屬女工爲之。吳君蘊初之夫人。大雅不羣。督率女工。從事一切。條理秩然。同人目覩。莫不欽佩。從知吳君專精化學。幷精物理學機械學。故其創製味精。歷時不過一年有半。而成績可驚。令人不禁贊美。蓋兩廠設備。均由吳君苦心經營。可用土法。必需機械者。卽自繪圖樣。親教鐵廠仿造。凡以節省人力財力而已。故自味精原料及製作用具。莫非國貨。尤有可貴者。吳君等辦事室非常樸實。絕無浮華習氣。足見其謹愼從事。吳君並向同人云。辦事必基本實驗。由漸擴充。庶幾有成而無敗。又云。今惟勉盡綿力。以興實業。此心乃稍卽於安。其言均可玩味也。同人竊歎民窮財盡。國將不國。獨吳君汲汲以興實業求其心之安。蓋實業興國自富也。吳君眞人傑哉。因記數言以告眞欲救時者。（林刊第四期）

勸戒殺喫素文

轉錄南京魏梅蓀原著

虛空世界。原自清寧。一切衆生。皆具佛性。自迷眞逐妄。背覺合塵。故無端起貪嗔癡。造殺盜淫。致世界成一大劫網。而一切衆生。輪轉其中。莫之能出。可不哀哉。造劫之因。雖非一端。而其最大而最多者。莫過於殺生。昔願雲禪師偈云。千百年來盌裏羹。怨深如海恨難平。欲知世上刀兵劫。但聽屠門半夜聲。可知屠門哀號之聲。一日不息。則世上刀兵之劫。一日不能免。靜言思之。寧不危懼。夫人知愛命。物亦貪生。今試易地以思。使剖腹刺心之酷。加乎我身。我苦何如。使刀砧湯鑊之慘。加乎我身。我痛又何如。人有父母兄弟夫婦子女之愛。物亦有雌雄卵雛之類。殺彼子女。充己口腹。其悲痛孤苦又何如。夫人與人處，睚眦尚且必報。物雖無言。知覺與人何異。每見一大都市。宰殺水陸飛走衆生。以充口腹者。日以千百萬計。驚痛憤恨。鬱成厲氣。積之久久。大干天和，饑饉疾疫刀兵等劫。由此起矣。此因果報復一定之理。苦於世人相沿成習。不覺不知耳。王洋帆曰。昔賊匪蜂起。死亡枕藉。李秀才培德。謁二仙觀林道長。問生靈何辜。遭此大劫。道長歎曰。世人殘忍成風。宰殺孽重。積之久久。大干天和。故天降此饑饉。繼之刀兵。收錄人民。以塡物命耳。又嚴紹庭曰。明季有王居士。謁小洞天尊者。叩云。舉世盜賊縱橫。干戈擾攘。億萬生靈。遭此大劫。願吾師乘金臂救之。尊者云。惟有戒殺放生可免耳。以上兩段。見好生救劫編。是以弭劫莫先於戒殺。莫要於護生。尤莫善於茹素。此素食同緣社所由起也。以上言饑饉刀兵等劫。皆由世人宰殺孽重所致。欲弭劫運。莫要於多結同志。戒殺喫素。以期各保生機。共挽天心。佛言。食肉之人。斷大慈種。我觀衆生，輪迴六道。迭爲父母。六親眷屬。更相噉肉。無非親者。常生害心。增長苦業。流轉生死。不得出離。不食肉者，即是無量功德之聚。若一切人不食肉者。亦無有人殺害衆生。此楞伽經之言。佛家奉爲金科玉律者也。以上引楞伽經。明佛家戒殺斷肉食之旨。或曰。戒殺。斷肉食。佛制也。儒家聖人則無此語。則應之曰。孔子之經。莫大於易，其言曰。各正性命。保合太和。又曰。天地之大德曰生。又曰古之聰明睿知神武而不殺者夫子思作中庸。以述祖德曰。萬物並育而不相害。孟子私淑其學曰。君子親親而仁民。仁民而愛物。又曰殺一不辜。雖得天下不爲也。夫有罪當殺。牛羊雞豚之屬何辜。聖人不忍殺一不辜而得天下，豈爲區區口腹忍殺無辜乎。見其生不忍見其死。聞其聲不忍食其肉。此孟子方便說法耳。即不見其生。亦不忍見其死也。即不聞其聲。亦不忍食其肉也。迄漢代大儒。厥有仲舒。著春秋繁露。以明孔子之教。則曰質於愛民以下。至於鳥獸昆蟲莫不愛。不愛奚足謂仁。儒家聖賢垂訓。其戒殺不章章乎。大戴記有云食肉者勇敢而悍。食穀者智慧而巧。夫悍者殺之端也。亂之源也。智慧者仁之迪也。治之本也。故肉食之民。每好殺而難化。穀食之衆。常和平而易親。徵諸中外。理無或爽。吾聖人既判其美惡之殊。由於肉食穀食之分。則必以肉食爲宜斷也明矣。朱子註孟子。七十者可以食肉。曰未七十者不得食也。七十曰老而傳。蓋以家事傳諸子。七十可以食肉者。古聖賢隨順孝子事親供奉甘旨之誠。重在存養老之禮。與告朔不去餼羊。愛禮之意略同。非謂年至七十。必定食肉。始能養生也。○印光法師曰。此世間聖人所立之權法。自佛教東來。暢明三世因果六道輪廻之事理。而且歷代史書多有人畜轉變之事。固宜特開眼界。歷念生靈。毋徒固守權法。以致親與自己。殺業滋蔓而不息也。如是則食肉者鮮矣。又以咬得菜根百事可做。爲小學終篇其望人茹素。不隱然言外乎。由是觀之。戒殺斷肉食於儒家何疑。以上所引儒聖之言。原非專爲戒殺斷肉食而發。節於性命曰各正。太和曰保合。萬物曰並育。聖人之心。天地之心也。人於萬物中。若無故殺害一微細生命。即於各正保合並育之旨有傷。而況其大焉者乎。又況日日殺之害之乎。恣口腹之欲。戕水陸之生。違背天理。莫此爲甚。此聖人所深懼也。茲特蒐集經訓。以闡明戒殺斷肉食。儒佛聖人。其心不二。在明眼學人觀之。自能了解於方便立說。勸誘苦心。按之所引聖經本旨。亦正圓明無礙。而不必以牽合經文爲疑耳。或又謂人人都戒殺。物類不將充滿世間乎。吾得引紀慎齋家訓。以正告之曰。世人不食虎豹，未見虎豹充滿人間。山村內儘有一村不食蛙鰍者。彼地蛙鰍亦不見獨多。況按之因果正理。畜生一道。實因夙生殺業受報而來。若世界人人戒殺。將直無此畜生惡道矣。何慮之爲。以上釋物類充滿世間之疑。或又曰。飲食所以養生。喫素有礙衛生。

奈何。則曰。無錫丁仲祜先生所著素食主義一書。已詳論之矣。第一章言肉食之害。素食之益。至爲明切。肉食含有疫毒，誠不免有礙衛生。素食天然真味。營養分以植物爲最富。不似肉食渣滓多而消化難。是素食不但無礙衛生。乃深合乎衛生也。仲祜精中西醫學。其言可信。何不取其書而詳玩之。以上釋喫素有礙衛生之疑。總之。戒殺茹素。可以弭劫。可以養心。可以惜福。可以延年。無悖儒佛兩家聖人之旨。而又適合乎養生。人亦何樂而不戒殺茹素乎。以上總結前五段。南海印光法師。宏揚淨土。常常以戒殺放生。喫素念佛八字教人。其所撰金陵法雲寺放生池疏曰。近來天災人禍。頻頻降作。憂世之士。以爲此等業果。皆由殺起。倘能知物不可殺。則斷無殺人之理。又曰。放生原爲戒殺。而戒殺須從喫素始。倘人人各戒殺。人人各喫素。則家習慈善。人敦禮義。俗美風淳。時和年豐。何至有刀兵劫起。彼此相戕之事乎。上年在愚園內道院說法。謂勸人喫素。較之勸人放生。功用尤大。此爲不放之普放。蓋喫素爲實行放生之事。放生乃爲感發人喫素之方便。若不喫素。則所殺無算。所放其有幾何哉。一時聞者。靡不感動興起。此又素食同緣社最初之緣起也。以上述印光法師語。與開章願雲禪師偈相應。願雲禪師偈。是說造劫之病。印光法師語。是說免劫之藥。深望海內各界善士。減少肉食。相率提倡息殺行慈之道。共趨於素食一途。以逆天厤而弭劫運。功德實爲無量無邊。第有一至簡要之言。謹貢於當代仁人君子之前。莫謂一人發心。戒殺吃素。保全有限。何補衆生。須知天下者。人與人之所積而成也。擴而充之。推類而廣之。其作始也簡。其將畢也鉅。其種因則小。其收果則大。況聖慈加被。天道好生。此中更有不可思議之力存焉，是在勉強行之。勿自餒而已矣。社中同人。不勝企祝。以上普勸世人　南京素食同緣社。

宋磧砂藏經攝印近聞

中國譯行佛教經籍、最初祗有寫本、稍進有石刻本、再進有木刻本、至是印刷較便、流通較廣、宋代始盛行、如北宋之蜀本、福州東禪寺本、南宋之福州開元寺本、思溪王永從本、思溪資福寺本、磧砂延聖院本、皆於版本中負佳名者、但今日欲觀其遺蹟、蜀本固稀如麟鳳、即東禪以次五本、徵之國內國外所藏、見於著錄者、或少數殘文、而無大部、或後代補本、而非初刊、茲上海影印之磧砂藏經、既係全部、又爲原刊、攝照務存眞相、不失實可慰世間持誦研究者之願望、

磧砂藏之緣起、宋理宗端平時(西曆一二七二年)平江磧砂延聖院比丘尼弘願斷臂募刊經律論全藏、迄元世祖至元時、得慶完成、此大略也、原本梵夾式、西安臥龍開元兩寺所藏、現由陝省圖書館保存、去歲朱慶瀾氏因放賑發見、即屬範成僧詳查、每板五面、每面六行、每行十七字、有嘉熙(西曆一二七三)淳祐(

西曆一二八一)年號、葉恭綽蔣維喬狄葆賢徐乃昌丁福保黃翊昌吳光會李經緯李圓淨諸氏、僉以此爲吾國古板一切經之最完善者、幸傳至六百年之久、在世界文化上美術上、必多所貢獻、即議影印流通、就上海組織影印宋版藏經會(上海公共租界大馬路保安坊四樓大生事務所)負責辦理、其一切發行之事、委託佛學書局(上海公共租界[illegible][illegible]路派[illegible][illegible])任之、自編勘經帙、徵補闕頁、訂購印紙、已有相當之成績、前更選聘攝影技師及編校專員赴陝、由李壽亭氏與範成僧監照玻片、正在積極工作、豫計影印五百部、每部六千三百餘卷、分期出書、兩年可出完、豫約價五百二十五元、一次繳足、不日登報通告、記者曾見原經、字體古雅、刻工精美、願少錯誤、且有可訂正後來諸刻之譌者、卷端所列各會佛象、尤莊嚴妙麗、蓋當日之書寫者刊刻者、發願署名、含有功德性、與他書之簡率從事者不同、以之研究持誦、一掃俗障矣、各圖書館各學術團體各寺院、料必爭先定購也、

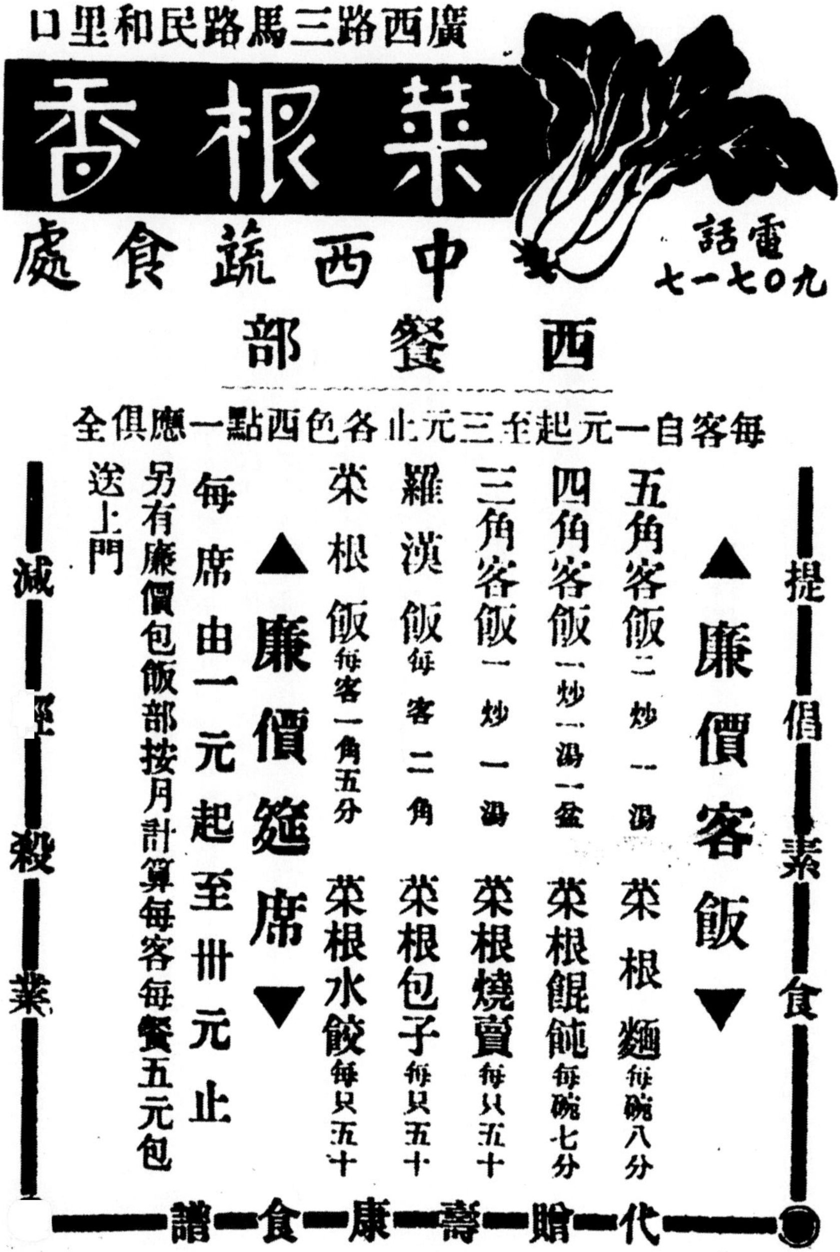

廣西路三馬路民和里口

菜根香

中西蔬食處

電話 九〇七一七

西餐部

每客自一元起至三元止各色西點一應俱全

提倡素食

▲廉價客飯▼

五角客飯 二炒一湯
四角客飯 一炒一湯一盆
三角客飯 一炒一湯
羅漢飯 每客二角
菜根飯 每客一角五分

菜根麵 每碗八分
菜根餛飩 每碗七分
菜根燒賣 每只五十
菜根包子 每只五十
菜根水餃 每只五十

▲廉價筵席▼

每席由一元起至卅元止

另有廉價包飯部按月計算每客每餐五元包送上門

減少殺業

代贈壽康食譜

佛學書局輯印

佛學小叢書

佛教不振。佛法不留。病在佛學之不普及。其故雖有多端。未見普及。縱有經典。能讀者稀。今者識字漸衆。正宜利用文字。廣作方便。以奏普及之功。此本局所以有佛學小叢書之輯也。此種叢書。關於佛學之
。篇幅不長。分訂小册。以便購讀。足供青年
。不限種數。今將已出各書開列於下。

書名	價	書名
在家學佛法要	三分	貫通諸法大
居家士女學佛程序	三分	唯識學
現代僧伽的職志	五分	布施波
反宗教中之佛教辨	四分	精進
自修者開示錄	四分	禪定
釋迦應世的始末	四分	念佛
地藏大士聖蹟	四分	觀心
文殊師利	四分	淨土
觀音菩薩典要	五分	忍辱
釋尊傳	四分	持戒
佛像概說	五分	智慧

印送佛經功德無量

一、倘有發心善士捐助鉅貲印送佛經啓世正信或百部或千部或於他人印送佛經時附貲添印若干部但須委託敝局自當代辦

二、其或身處逆境欲求福利或身嬰疾病欲求速愈或欲求子或欲求壽莫如印送佛經懺悔福德至誠在心所求必應但須委託敝局自當代辦

三、或有孝慈子孫追思先德發思覺結欲報無從莫如印送佛經可以資冥福可以展孝思但須委託敝局自當代辦

四、或有追悔往愆欲求懺罪可具至誠出資印送佛經自然罪障息消但須委託敝局自當代辦

五、或遇婚嫁壽喜節其所費用充善舉莫如印送佛經可編福澤但須委託敝局自當代辦

六、或欲贈送大批佛書面手續之煩若甚或欲以佛經普送各地寺菴留冊地址不能詳悉可委託敝局自當代辦

以上六種佛書印送法敝局任其難諸善士得其易但出貲財而福德日臻何快如之發心善士盍興乎來

上海佛學書局代辦部謹啓

本書贈送不取分文

中華民國二十一年十月初版一萬冊
中華民國二十一年十一月再版一萬冊

壽康食譜 初集

編者 默雷居士 上海膠州路七號

代辦者 佛學書局 電話三五五二四

代送處 佛學書局分局 (一)上海愛特赫司脫路 (二)上海閘北新民路中 (三)長沙玉泉街七十號
世界佛教居士林
天廚味精廠
菜根香蔬食處 廣西路三馬路中

若欲解除環境的迷悶，而認識宇宙人生的真諦者；敬請閱讀佛經！

上海佛學書局備有各種佛經目錄，函索即奉。

佛經，乃是萬古不刊的聖言，乃是包羅萬有的淵海，乃是心行並重的寶典，乃是圓滿無漏的義學。有些人看見佛經中的義理高深玄邃，便說佛學像哲學；又有些人看見佛經中的事物綜錯歷然，便說佛學像科學；乃至將佛學比之社會學，倫理學，宗教學，以及最優美的文學等。佛學固然擅具各學問之長；其實這都還未能如佛學的超脫徹底，美滿無缺，真實受用，致大福利呢！諸君欲知此中的真諦，求得真實的福利，而對於宇宙人生加以深切的認識乎？——敬請閱讀佛經！

素食養生論

序

余因求究唯識宗得交章父蓋章父深於唯識兩論者也初見其素食以爲本釋家戒殺之旨頗以爲不適衛生嘗規以勿過奉律宗而自苦其肉體章父每笑謂可然未加解答昨冬、自滬言歸便道訪之快晤旬餘繼見章父每食西蓋亦食肉矣、今夏避暑澳門寄居依食於章父則見每餐具肉殆爲余而設章父不多御焉如是思必有道請釋一言章父遂出其舊草素食養生論一稿使余重爲編之此晉迺本諸日人山崎今朝彌所述、北美總統羅斯福之衛生顧問開洛克之『食物養生實驗談』其言深得哲學的、科學的、見地而適切於實際生活余編竟始恍然有悟佛門律宗禁止肉食詎僅於戒殺其注意於養生邪嗟夫、余行年三十落拓天涯十有八載饑趨塵鞅旅食不甘又寧知養生邪章父命意或不在曉余

以養生而喻余以治生耳語云咬得菜根百事可為然夫辛酉六月十一日孫鏴志於羼提寄廬

素食養生論

目次

—八十日非故我矣—食物乃欲養生也—太陽爲精力之源—植物乃貯蓄動物所消耗者—在醫學上與哲學上說明人體食物之必要—澱粉質自何物得之—糖質自何物得之—脂肪自何物得之—蛋白質自何物得之—肉食者鄙—肉爲不易消化物之斷案—肉食不爲滋養也—人類之齒宜於食肉乎抑宜於蔬食乎

第三章　食物消化之妙用

食物消化之必要—人身內之奇幻消化器—口中唾液之妙用—胃脘形似西洋梨子—膽汁膵液之効力—二丈五尺長之腸利於消化也

第四章　人身與食物究竟是神秘不可思議者

吾人何以有此身—妙喻—咀嚼關頭之重要—鯨吞虎噬之蠻恆致疾—通知味官而號令消化器者—胃不任齒之職務—胃病之自療法—單寧酸蓚酸與唾液—油與脂肪不消化也—百布托辛爲何物—牛乳

第五章　人食物耶物殺人耶

素食養生論

第一章 緒論

浮圖氏有言四大從緣假和合有然則吾人之有此身固由各種物質構合而成者矣據近世學術發明凡所以構成人體之元素爲表如下

元素	英名	重量
酸素	Oxygen	一一六・五六磅
炭素	Carbon	一九・九八
水素	Hydrogen	一三・四六
窒素	Nitrogen	三・七〇
燐素	Phosphorus	一・七〇

硫黃	Sulphur	〇•二二
蘇達	Soda	〇•一五
加里	Potash	〇•一三
石灰	Lime	一•九三
弗素	Fluorin	〇•一一八
鉀	Potassium	〇•〇三
鐵	Iron	〇•〇一四
鎂	Magnesium	〇•〇〇一
硅素	Silicon	〇•〇〇三

顧右表所舉乃就陳死人（以一百五十磅重之普通西洋人爲標準）軀殼而分

析之非以生人而言也生存之人猶有所謂生命者在以其有生命在故今日所食米麥粱肉等物明日卽化而爲血肉因有言動、思想之事誠不可思議焉此奇幻生機無論何種學者不能以意爲之雖以元素與元素構合備極巧妙亦未見其有得也數十年前有大智慧者謂生命不過循物理化學之作用持之甚力然在今日已無有敢誦言此說以立於嘲笑之鵠矣蓋元素之爲物非通靈者旣不能生亦不能動譬之於畫繪具自繪具矣其所以爲花卉人物者要非繪具之所能彼畫工之神秘技術卽畫之生命固不可無也人之所以爲人者亦然且極畫工之能事特貌似而已非眞能栩栩欲活也若夫人之言笑動作又豈人事所能爲力哉是故元素自元素人體雖成於元素之構合而元素則非人也彼陳死人之軀殼寧非元素第已無生命矣或以爲、生命成於自然(指造化之力)卽以自然爲能造生命者雖然、成於自然者固非造於自然也彼特自然而自然耳果造自自然者寧得謂之自然邪夫人體生機亦不獨合全軀而後有卽其一部分之各各細胞亦別賦有生機也苟以顯微鏡察之則各部分之形色活動咸顯然相異尤可怪者動物與植物之細胞有甚類似或且全同如黴菌與阿米巴(amœba)乃由同一組織之單細胞而成此阿米巴蓋至微小之動物也駢列九百枚方等一分(卽九千分寸之一)雖無口、鼻、手足其他機關類不具備然一値饑餓則捕食小蟲等物且能任意行動雖無腦、無神經然其爲感想、爲呼吸、爲食與作固弗異於牛、馬、犬、豕也牛、馬、犬、豕固魁然大者其視阿米巴直百步之於五十步乃由無數細胞輳合而成耳此無數細胞皆獨具生命其生命價値與針頭一滴有百五十枚之阿米巴同至高等植物亦無以異於園夫之接木足證其理又如外科醫生之聯皮續指牙醫之補牙斯其例也又人身以職業性質之由異而細胞亦隨有種類之不同司同一職務之細胞就其互相應助之便利輳集一所以成一部機關首以纖維及骨得脂肪組織、與軟骨組織、之助遂固結各部機關以成軀體而任動作如是者、實生命之綱領也其他如思想、感覺、舉動、等事則有神經、筋肉、及上皮組織而司之細胞中有特妙之作用者曰腺腺者、四肢百體、咸伏有之具多種職能或製作唾液或作胃液或成膽汁或爲發汗之用或以行血或以除毒其功至偉血者、亦生命中之要物也以赤血球、與白血球、構成赤血球、但從血管中見之其白血球、於血管外且見之所以爲赤色者赤血球較白血球滋多也血之研究本極有味然於本書、無直接關係故略言之所述組織機關其一部分以至全體極精微巧妙雖千百人類皆相似顧細察之要亦無有同者且一人之身時恆變易每七年間其本體全爲新造然新陳蛻邅之際有必趨之勢必循之軌型模本性乃一成而不可易也如小指必短似中指目必爲上手、未嘗忽爾變而爲足司聽者、未見其躁轉而能食也凡此皆平常之至奇者昔有動物學家嘗下一定義曰、動物者其中爲物質之流動體也此定義殊適用於人人體之內以食物成血每日所食之物由三磅以至五磅計一月之食量與其人體重相等是一年所食凡十二倍其體重矣至於各細胞、與各機關雖有獨立生機然亦非互別以相離異也第一、依神經組織而保全身之連絡爪、牙、毛、髮、附之但浮游於血中之細胞斯爲例外耳第二、因血液而保全身之連絡各細胞、各機關、由是以調和孳養第三各細胞、造出特有之物質齎送於血液中使與他細胞感應以爲身體之長育營養焉

第二章　吾人當思如何保有此身

今夫築堰爲防備極經營慘淡然竣工之頃崩齧潰散者隨之矣人體亦然其毀壞、固不常而且亟也苟無以補苴之則終身之世敗滅者數矣至人體胡爲日瀕於毀壞試究其義頗奇詭可喜深秋野燒火烈具揚山澤所有咸付一炬未嘗不心驚魄動也第返觀百骸之內日煆夕爇勢亦如是燄爓且無熄時就化學言之是名酸化作用觀夫林中枯木日漸毀滅者以其內部自行焚燬也生物有高下之等別要皆有相當之熱存在卽所謂煆爇不息也冷血動物亦有三四十度之熱某種禽鳥其熱在百十度以上而人則約居百度吾人每日所發散之熱其力

可煮水二斗、而使之沸騰一時所出能令八合之水由冰點以至於沸點又可使一寸口徑、一尺五寸之蒸汽管每時不減其熱果以煤炭致之非十六七磅不可然以煤炭生熱若取其烟突及四週迸出之熱而計之則所需之煤當不止此數矣費如是熱力不啻自行煆熱其本體者人身之勞動也據精確調查所知人身一日動作所用之力能舉一八〇七五〇〇磅之重物持高一尺此力以七分之一爲血液循環之用呼吸作用稱是其他、則軀體四肢耗之一日之作假定其爲十時則一秒鐘所費當舉八萬三千餘磅果以二足當之則二十四時間須走三百餘里據專家所言每日費如許多力已銷耗其身體八十分之一循是八十日後全體銷滅矣就從來經驗、與研究觀之若四十日間無所補苴一任其銷滅則死可立待也然而人體雖瀕於毁壞其仍不至於亡者以其一面消耗一面則養育各部機關、及各細胞使其滋生得以彌縫其闕所謂補苴者非他日中之食物是矣構成人體各物日人山崎今朝彌者、嘗分析之得水分、爲十貫百五十匁纖維素四百十五匁蛋白質四百十匁炭酸石灰十匁有奇食鹽約二十五匁其他酸化石灰三十匁硫酸蘇達二十匁其每日排洩水分炭酸加斯及灰分窒素等物出自肺者二百四十匁出自皮膚者百五十一匁糞則四十匁溺則三百四十匁然則補苴罅漏飲食一事誠不可日缺也飲食之道貴乎養生徒肆口腹之慾抑亦陋矣吾人所食宜取其富於精力者顧精力出於陽光植物得太陽之熱始能從水土空氣中吸收精力是故蘊精收熱莫富於種子果實等類然植物能取之而不能用之動物唯不能取乃假諸植物以為用固其宜也植物所蓄精力之凝結者略具三種

一含窒素物（成形質）凡筋肉神經與腺及其他生活之細胞皆賴此以構成且能維持之所謂蛋白質也

二無窒素物（燃燒質）如澱粉糖質及脂肪等人體精力與熱之所由生也

三水與鹽分水之為用蓋助滋養之輸入及排洩物之輸出又其一部與鹽類同

爲組織構成之鹽質（卽有機鹽）存於人體中凡硬物質無之又與死灰中之鹽質亦異

要、之食物中未嘗不有蛋白、澱粉、脂肪、及糖、鹽、等質其澱粉質凡蔬菜穀類種子及各種植物性之食物殆皆有之雖果實之未熟者猶不尠然胡桃類中乃無有也至富者爲穀類其所含且有不止居其本量二分之一至若糖質則各類皆有其由植物根莖所製者曰、沙糖由果物而成者曰、果糖由穀物而成者曰、穀糖有用硫酸、於澱粉、而成者曰、人造糖又成於牛乳中者爲乳糖與澱粉經消化後所成之糖質無所異也脂肪質以胡桃、及落花生、類爲多果物中橄欖等而外殆無脂肪穀物、除玉蜀黍類之外僅含少許米麥、直可云無脂肪之出於植物、與動物、者大異蓋動物脂肪不宜於消化也蛋白、與脂肪質、相同雖可由動物多取惟適於消化者、特植物及卵之蛋白質耳以小麥粉漚水去其白漿餘膠形之物是亦蛋白質之一種卽哥路登（Gluten）然少有差異穀類與胡桃等物皆含有之而豆類特富果類則否蔬菜但含少數屬於動物者以卵爲多植物及卵之有蛋白質者爲其種子及雛之生長成立於其未能采食時得以滋養而設也至於其他動物之蛋白質乃已作構成機關之用不具養育生機無益於人體更進而爲之喻動物之蛋白質猶經鑄就器物之鐵而植物之蛋白質猶新出之冶鑛者也其孰美孰惡於斯可見夫食物宜取其新且潔者天茁此徒足供鼎俎又惡用彼陳腐之物耶肉食者鄙無取乎饕餮也有百布托辛者（Peptgens）其本質果爲何物尚未可知然在食物中其質極爲有益無論何物要皆多少含之苟食物無此者猶納枯葉、與木屑於胃中而已此百布托辛能助胃液分泌促使食物消化某種酸汁及百布聖(Pepsine)皆其所造成熟果及穀類之成糊者豆類之成漿者蘊藏甚多諸芋與澱粉質之蔬菜所含較少上述三種食料雖植物、動物、皆可取材然以動物性之食物既爲陳腐不便於消化(後文更詳言其故)則吾人允宜求之於植物性之食物也顧雖如是脫以爲凡屬植物其皆可食則又不爾觀多數學者研究最宜於食者要以各種粒顆之穀物、及種子果實、為宜夫肉食一事於人齒及胃俱極不適食之者、但少數之野蠻人與西洋民族若吾國以農食為主今乃猥隨陋習寧非惑歟植物中唯莖、與葉、為不可食以其多纖維且害於消化無異乎肉果物、如善咀嚼之消化自不須力胡桃與豆殆無棄材矣尤有要者關於肉食之消化世多為蹈常習故之醫學陋說所欺遂謂於消無礙此大謬也蓋肉食者雖有時早覺腹內空虛不過所食之肉凝縮於胃中其體積略小非消化也肉之化學的作用為那篤里（Natrium）性其在胃中瀕出水漿以致本體漸縮此水縈迴腹中空虛之地大類飢腸欲鳴實則消化至不易易凝縮之後但成渣滓隨排洩而去平日列於分析表上之營養分無絲毫足以益人故曰、肉食不為滋養也又凡屬植物性之食物未嘗有二物同食而生害者若麤硬肉類與他物同食恆以為患其於果物尤不可不注意抑又有言人之齒宜於豢而不宜於芻其作臼形所以便於穀食即與馬牛草食之齒作磨形者亦弗同蓋粒

顆可舂而根莖與葉非磨莫碎人齒不能左右迴旋唯馬牛等能之由其顎骨之構異也

第三章　食物消化之妙用

食物之與消化雖似盡人能知然以其有深奧密切之關係欲明其所以然者未始非有益事也食物本體縱具人身不可缺之性質不可少之要素第非經消化以成血液未見其能週行人體而奏其爲性質、要素、之功也使所食一旦成爲流動之物是物一交於血亦卽爲血構成強固之軀幹此之謂消化作用吾人研究其事首宜知其機關構造之大概消化器之全部極蜿蜒而結詘以口、胃、肝、膵、腸、五事輳合而成口內有齒有舌與唾液腺唾液腺者分泌阿爾加里(Alkali)性之唾液機關也普通之齒小兒約二十枚成人則三十枚口與胃之間有所謂食道之狹管爲之連絡胃脘之形如西洋梨子若可容升許之囊脘之外壁爲伸縮自由之筋肉所造內被粘膜而多皺襞其噴門滿佈分泌酸液之小腺又與酸液共成胃液之百布聖腺亦居於噴門肝臟居胃之後以一端抱胃爲之保護能造膽汁以小管輸送於胃下之消化器管膵臟橫於胃之下多泌膵液歸輸之途一如膽汁小腸尤爲重要之化消器其長可達二丈五尺其內部有無數小腺分泌粘液以助消化復有無數橫襞凸起之物所以擴張其體吸收既消化之食物也大腸不能謂爲消化器僅司檢查之職長約五尺較小腸短而粗大食物有經過小腸而全消化者頓留此處吸其水分乃排洩以出之上述口、胃、肝、膵、腸五種消化器及唾液、胃液、膽液、膵液、腸液之五種消化液與夫澱粉、蛋白、脂肪、糖分、鹽分、之五種食物互爲關係之動作殊奇妙可觀吾人當食飯時若含咀良久則較初入口中自多一種甘美是則唾液作用彼以不可思議之力能將無味澱粉立變而爲糖質準是作用以唾液與糊精混合加熱使其溫度與血同糊遂成漿其味甚甘是知液功用在於化澱粉以爲糖質也此等作用不特在口中爲然卽下咽三四十分間亦繼續不絕過此則酸性之胃液分泌既多唾液之阿爾加里性爲其所歷其消化之功乃廢故食之時忌食酸物亦以其有害於唾液之阿爾加里性也胃中一日分泌胃液之量凡五十餘兩此液視他種消化液有異其性極酸據化學者言殆含有與海鹽同性之鹽素又胃液中除酸性外復含有百布聖兩者相合消化蛋白質而成百布頓(Peptone)百布頓者可溶性之營養分也食物而既成此直可收攝於血液中而食物之本來目的達矣膽汁之用在於消化脂肪使食物脂肪質成柔滑之汁狀如牛乳復與腸液連合以小管通過粘膜細胞送於血液或淋巴腺(Lymphatic glands)之中云至於膵液頗具極大作用凡唾液胃液膽汁之功效一己爲之亦能使澱粉爲糖使蛋白爲百布頓使脂肪而爲乳汁尤能化生澱粉使成糖質(如生熟果物所含之澱粉)若腸液則消化糖質且將各種食質檢查一過有消化未盡者自行消化之鹽分亦由腸液消化但各種消化液咸能就其所宜取者而消化之也消化液之主要效用既論次如前此外猶有效用多種如唾液能使食物柔潤便於下咽其由唾液所成之糖乃所

以溶解鹽之營養分俾成構造骨骼之要素是故澱粉質之消化苟不能充分則糖分無多而鹽分不能溶解骨之原素乃無從而生傴僂病及英吉利病常患腸胃膨脹不過由澱粉消化之不充分耳昔有醫士謂傴僂病原因乃鑛物性鹽質不足所致此非三折肱之論也胃液亦於消化蛋白質外且爲防腐劑之用以防胃中食物醱酵腐敗蓋胃液爲障能使各種傳染病之黴菌觸之立死免爲胃患顧所奇者此重要有益之胃液在人體中固能防毒然施諸他物則又肆毒試取胃液注入別等動物血中該物俄頃斃矣膽汁之用亦大能取身體之毒而溶解之或遇酸性胃液浸入腸內之時能調和之作腸內粘膜之保護並刺戟腸臟增其吸收之力而防食物腐敗之虞吾人總觀以上消化之奇妙知有神秘大力者在焉胡以同爲阿爾加里性之血而某腺則分泌阿爾加里性之唾液某腺則分泌酸性之胃液又胡以今日所食之物而明日復能吸取食物之功此一問題窮化學家之試驗盡醫學者之研求恐難解答是不得不委之造化神工矣矧消化

之作用純爲自主而不繫乎人之意志姑就唾液言之當吾人毋須唾液之時涓滴不出食水漿與柔潤之物其分泌較少使所食爲乾澀者則源源而來其他之消化液亦然不限乎量不限乎質唯適應於消化是從亦神矣哉

第四章　人身與食物究竟是神秘不可思議者

今有言者曰、吾人亦如蜣蜋逐糞所食者糞與土耳聞者鮮不掩口大噱譏其縱詭雖然、日夕所食要不過糞土之變相以今日食彼無感覺、智力之米麥明日卽轉而爲哲學者、與文學家或思高遠之理或運絢麗之詞所食者、未幾而功效顯矣古代索遜人有闡發此理其言曰、『Every man has lain on his trencher.』意蓋人乃寓於食物之中也推米麥來原本出於糞土而吾人所以得成此軀體者則無非米麥等物所致更證諸目前吾人此頃言笑動作舍食物而外誰爲爲之耶今就食物變化之堦歷分別陳之其經過之第一關頭曰口咀嚼與唾液則口之消化也咀嚼一事極爲重要苟食物咀嚼不透雖有唾液不能化之爲糖又假令某物雖非澱粉質但能咀嚼良久可使該物一下胃腸輒與消化液融合消化至易故臨食宜從容閑靜彼鯨吞虎噬之輩恆以此致病若咀嚼既久能使唾液大增食物於未入胃之先早經消化其利誠非淺鮮也茲芬在前味官已動則饞涎欲墮因知食物宜含咀口中俾其他消化器消息早傳則各消化液之分泌必多不然囫圇吞下胃液驟不及知一時莫應而所食之物遂不得不壅積胃中徐俟胃液之分泌矣據聖彼得堡之保羅氏所言雖同一胃液然當食物在口時預行泌者與食物既入胃中而後分泌者其消化力大相懸殊夫唾液消化既如是重要則吾人食物宜取其乾澀者庶唾液增多而胃液消化亦可以收其效關於此事保羅氏常作有趣之試驗一日餵其所畜之犬直以管送食物於犬之胃不勞犬之咀嚼犬胃驟得食物久不消化由此觀之食物儻非久存口內味官乃無所覺胃液不能先行分泌若能善加咀嚼則食物與唾液融合使成糊狀殆一入胃中胃中之消化至爲暢適蓋胃於食物本無碎之之力其職任全屬乎齒齒如臼

棄厥職胃乃大勞誠以食物不甘久滯於胃也使胃液而能長與食物爲伴猶可冀其消化顧乃不然食物入胃中之四小時胃中立轉行吸收作用而胃液從不少出此半經消化之食物獨留胃內輒有無數毒菌覬其藩籬既空四面麕集（胃液能防腐）而食物終以敗壞醱酵作酸且變加斯（Gas）酸水上噎腹響胸燒常以致病若食物爲澱粉糖分固有此弊如或爲蛋白質爲害尤烈彼極危險之毒菌乘此生長蔓延遂釀成胃加答兒膽汁病黃癉病及其他一切胃腸病而虎列剌腸窒扶斯等病亦皆由此生焉幸而胃力強健務取其壅滯之物而排去之或不致有上述之患然而胃以掀衝之故又難保其不病擴張胃病擴張復爲毒菌叢生機會斯病亦莫免矣意大利霍拉氏云食物若經久嚼可令其營養大增英國劍橋大學聞之卽由敎授監視之下實驗多次益足證明其說又之久嚼之物既下咽以咽喉後部之筋肉之反動使之逆上則物愈柔化有欲食物易於下咽因伴以茶水羹臛等事而此力遂弱或至全失匡救之法惟以一月忍耐多

事咀嚼亦可復原此力之作用與幽門之將由胃入小腸之食物一一停止而檢查之者蓋同爲一種保護力也若不察此靈妙作用徒就化學之折衷欲妄斷食物之營養分幾何不誤耶要之衛生之食宜將入口食物透切咀嚼毋使失其風味然後適度吸取其質之宜者如是則除某種不治之疾凡腸胃等病自然可愈且精力亦日形强固也唾液入於胃仍不輟其作用迨胃液盛行分泌之際使食物化爲酸性於是唾液之作用遂止又醋酸亦有妨唾液消化之力縱不至遏絕唾液不能分泌然猶害其澱粉化糖作用是不可不加之意也茶與咖啡之單寧酸(Tannic acid)亦然而蓚酸(Oxalic acid)尤烈以六千分之一少量已足令唾液化糖之用全失卽酸性之果汁若食之過多亦足爲患或不酸而油膩者尙宜禁制蓋植物性之脂肪雖投涓滴於澱粉中乃不能水乳故不爲害若動物脂肪能滲入澱粉防害唾液與澱粉混和至有不能消化之患非所宜矣胃之消化特質全恃胃液作用以消化食物之蛋白其消化之始在胃液盛行分泌之後卽

食物入胃經三四十分唾液作用既止之時也胃液之所以分泌乃由百布托辛、食質喚起此百布托辛、復有多種某種可成百布聖某種可製水鹽酸其始存於食物之中但以唾液溶解而出或則憑唾液作用變化某種食物而製成之於此有一極奇之事蓋各消化器作用始終互相聯絡同有關係如唾液既成百布托辛卽以百布托辛引起胃液之分泌遂能消化食物是其同一例也百布托辛之功效能使胃部普通動作頓增二十五倍食物中苟無此物猶糠覈矣大抵果物及穀物中多含有焉胃之消化舍胃液外尙賴其本體伸縮及橫隔膜升降之助得使食物融和成流動體三小時後動作盡致食物乃下幽門而入小腸胃部消化之能事於是畢矣食物既入腸中此際膽汁膵液佇候良久遂各致力於消化膽汁者、能使脂肪化爲石鹼質食物因腸管收縮運動陸續向大腸進發此時特行釀酵作用所以消化糖分也然成長者與未成長者其消化糖分之力迥別成者宜於麪糖、及由唾液與澱粉所成之糊類若未成長者則以乳糖爲宜故牛乳之適於幼而勿適於長者腸之消化力異也砂糖之於人體至爲無用以腸內全不消化則此物之無益可知由此而觀胃部特一預貯之所食物在胃成流動體週流二十五尺小腸之間隨而消化隨而吸收或小腸未全行消化者則歸之大腸故大腸不名消化器亦曰吸收器而已肝臟之細胞以奇妙作用將胃與腸所消化之蛋白質一一察視且去其侵入食物之毒排其無用之質又以消化作用製成之糖分變而爲動物性之肝糖鄭重貯藏之當身體某部之須用補苴或生熱必要之時立將肝糖送於所須之地夫糖分之在食物幾占過半之量使人身無肝臟則食後直混諸血中不發大熱必依膀胱動作成一種如尿崩之患矣然而肝臟於糖分作用各異其力於麴糖果糖糊類三種其作用至爲暢適至於砂糖乳糖其成績特少許而已食物一經肝臟采取進而入於心臟復由心臟引輸全體遂行同化作用同化作用者以液體之營養分變而爲固體之組織也卽食物轉成人身之謂也食物之轉成人身與最初之人從何處來其邅蛻之際有難

言者矣或謂中有六種以上之康芝模斯與酸素合提取食物所有精力酌量適合於身體組織情形而支配之雖然如此解答究非吾人所明無論何人於創造萬物者之創造萬物與夫食物之轉而爲人此中奧蘊皆不能知也

第五章　人食物耶物殺人耶

夫人不食則不能生於是首有重要之問卽何食而後適也然世人恆等閒視此或曰食其所好者佳耳或曰能果其腹凡物皆宜或以爲三餐有三餐之食宜各爲選擇吾人乍聞此語當知其謬顧舉世習而忽之寧非可怪在律凡有害於公衆衛生者罪之以鼠子能爲人患卽亦設法以防乃於人人日有之食物其爲害足以戕賊人體者曾不少加之意夫使世人蒙惡犯罪追溯其原未始非食物之所致也吾人構庇體之房屋其所遴選者務求美材大木使適其用奈何構造本身之食物反漠然視之某學者有言舉世之人其致意於飲食者視致意於居處者十不及一崇樓廣廈雖千萬金不恤窮極規畫務使輪奐而於所食則恣口腹

之慾但問肥甘與否夫食非求饜飫以爲樂也不得已而後食亦唯供其所需而已矣既名嗜慾則其爲不正可知飲食以饞吻爲去取尤爲不可某名醫曰、疾病由飲食而生亦可由飲食而治雖言大而近於夸然亦未嘗無理也今人體魄皆古人遜弱者其主因由食物養生之日惡也蠻荒種族一與文明人相往來漸失其魁梧碩大之舊觀亦由飲食遷異是又人所能言者食物既能生人又能殺人然則吾人飲食究以何物爲宜斯固不可不詳審愼亦本書所論之旨也吾人所宜食者不外蔬果穀類等物其所不宜食者則肉與草是也凡動物骨骼及其齒胃咸能就其所食之物而示其構造故以骨骼示解剖學者彼立辨其爲何動物與食何種物而生言之無誤人齒不適於草食前既述之今更證其不宜於肉食之理以破一世疑惑人齒構造與猿類同其他所謂肉食動物之齒既尖且銳人與猿皆無之彼尖銳之齒乃以撕裂肉中之纖維而生又保其無齲齒之患故騈列之間恆有空隙使肉之纖維不致罣絡而虞其腐壞若人齒則迥然不同其舌且甚柔滑手則無爪足亦非蹄胃之構造亦但適於果蔬穀類而已由此數者而觀人固非肉食者也卽所言動物有肉食草食之別亦假之詞耳蓋動物初無肉食特爲外緣所逼於是某種動物或爲肉食有謂動物本皆肉食者非也使其說爲信則多數動物必有舉類而盡滅者矣或又疑動物之肉食者不能驟變而爲芻豢但犬若貓雖半月可易之矣更觀夫獵犬逐獸乃不自齧其吻凡此皆可爲動物原非肉食之證抑吾人所以肉食者亦不外攝取肉中之植物性而植物性卽陽光精力所凝結也所謂營養分者亦卽此物大凡食物殆有之試爲之率假如肉一方含有五九二之營養分則芋有其四三五牛乳有其三四七玉蜀黍有其一六四八米則有一五九六豌豆有其一五一五麪包有其一〇八三果實所含由一〇六二以至於三二六五由此言之肉之營養分固比他種食物爲少況復消化難渣滓多毒物之浸入亦易耶夫灰燼重則害火力肉食既多渣滓且易腐壞人之精力亦因之不能暢適活動甚至日卽於衰弱焉凡畜類當勞瘁死亡

之際肉中生一種疲毒（按疲毒殆所謂開那托克辛 Kenotoxine也）食之必貽人以大患而此種疲毒於通常食肉中皆含有多少卽使殺一碩大無病之牲然將死未死間其心臟肺臟之動作雖止而體內各細胞恆有數時生活故其物雖死所謂疲毒卽於此時而生爲害一也顧世人每喜肉食推言其故殊鄙陋可笑大抵食牛者欲壯碩如牛耳野蠻酋長慕敵酋之奇偉遂殺而食之斯亦肉食之濫觴者歟總之、肉食一事誠無益而有損肉食者鄙古今中外咸無異言古有曰者談言微中然恆審問其人所食則亦慧心人也近世宗教家與教育家神態碩顯一面使人肉食一面說道德講倫理自命救世度人非自以其矛而陷其盾邪世道日衰民德日喪學校教會不能救之儒生神父訓令敕詔不能挽之其亦着手於庖廚鼎俎之間而已矣胃腸內之肉汁及肉之腐壞物質不具白血球且能敗血中之阿爾加里性白血球與阿爾加里性有殺菌之本能今既無此則人體內乃無防毒之具是亦肉食不宜之據也如白開德氏所言倫敦市之民之死亡率視村舍之死亡率滋多以市人肉食多於村舍也人與動物其形體構造或有相似之點故人之病能傳染於動物動物之病尤能傳染於人如肺病縧蟲等蓋傳染病之至重者世人固知縧蟲自豕肉而來實則出自牛肉者不少據美國統計人病縧蟲其生於牛肉者恆居十分之九而牛之病肺者復盛故肺病亦多從牛肉而生但觀美國所驗之牛罹肺病者某地占百分之六某地占百分之二十五以致百分之五十焉虎列拉中有曰豚虎列那者明其出於豚肉矣在美國每年受虎列拉之嫌不許屠殺者平均有三千頭聞之檢察醫官曰果嚴覈查驗之市民欲得無病無害之牛豕等肉每斤非二金以上不能致其二金以下所得者類皆受病然則肉之代價視病之輕重高低吾人何苦樂於嘗試耶近世牙醫士日見其多良由肉食盛而齒易壞也肉之纖維留塞齒縫腐敗後則爲齒害若腐敗於胃腸中與血液和是否即生各種疾病邪鑵製之肉食尤惡啟蓋數小時輒壞其成毒至易食之甚至殺人而其毒乃無臭味使人無從預防欲免其害唯有

不食一法每值大戰爭起則罐製肉之害多一證據而於馬尼拉一役數分鐘之頃斃軍士三千人尤彰明較著者也英國之痛風症向謂其來自酒毒今則明其生於肉矣著名之卑克博士嘗謂、腎臟炎由飲茶食肉而起又帕奴爾、及魯克斯、兩博士近云、癌腫症之原因實由於豚肉以肉食能使人體反抗癌腫之力日弱也若將肉飼貓嘗易罹癲癇而卑克氏更云、人患癲癇亦由於肉人體中尿酸增多將令向腦循環之血遲鈍癲癇者亦由是而起人果能屏去茶、肉二事則尿酸可除而癲癇可治如上所言則肉之不適於人體組織機關可知不特無養生價値徒爲致病之源耳夫萬物同原有生無生是一非二然非明於哲理者雖妄生分別難與言此彼固不能視木石同於生物第亦不忍視生物同於木石則惻隱之念生矣牛、羊、犬、豕、以媚眼乞憐於人不能謂其無感情也其喜、樂、悲、苦、亦同於人誠不當任意斬斫視同無生之物吾人談美人解放黑奴歷史未嘗不拍案稱快奈何復倡弱肉强食之說不以惻隱憐彼觳觫毋乃不能擴而充之歟昔美國某報載、黑木大將、嘗蒞芝加哥屠牛塲不覺掩面而出夫以殺人爲能事之大將尙不忍視其慘痛何如然而此等屠塲遍於通邑大都矣世有號稱仁人義士如宗教家及改良社會之輩乃不見其呼號以出此無辜且不見其掩面而不忍視何也復有刑事政策家其志謂預防人民犯罪爲之善擇職業設感化院凡所以爲犯罪之動機務爲防遏甚苦心勞意顧此等殘忍屠戮能使世道人心日趨險惡曾無有道及之者抑亦惑矣當主人借牛馬並耕時主人賴牛馬之助田事既畢以手撫之彼亦舉其媚眼以報主人重愛物我之情至爲和樂未幾、凶日一至主人立變其猛酷之貌取其素所相依者斧碎其首於是空中聞哀怨之聲地上灑無辜之血殊可悼歎不佞嘗往觀芝加哥屠塲不佞非軍士不習殺人於其境狀滋不忍覩又非文家不能曲繪所見然猶彷彿記憶長覺宏敞建築及貴重器械環立無數就死之輩凄愴凝睇彼操刀者躊躇四顧神氣極爲獰惡裂胸斷脰哀啼滿耳是日也所殺不下十五萬頭聞去歲在此屠殺之牛約五百萬頭豕則

一千萬頭據學者計算流出之血能浮五巨船云嗟夫演此罪惡慘劇所流之血果無復仇於吾人之一日乎曰有之今之肉食而受毒者是矣

第六章　牛乳與鷄卵及其他之害生物

前章所述近似道德論然證諸生理上未嘗謬也佛教之禁止肉食豈無故哉彼肉食之宗教家廬目豺聲直僞善而已肉食既非所宜而牛乳亦不爲益蓋動物之乳但適於其所生及其同類若異類本無消化此物之胃力故不可飲人本單胃與牛之爲多胃者大異人既不宜於芻食則芻食之乳亦不適於人人之所生宜飲人乳（尤宜自乳其兒設母體缺乏乳汁或有病不得已而使其兒食他人之乳然僱乳娘亦須審愼擇其身體强建而無隱疾性情端正而無惡德者）近世學者見以牛乳養育小兒之死亡率其數倍多已大驚異假令所育小兒不死然於統計及實驗上之表現此等兒童體魄極弱其智慧道德各點於先天的比較人乳所育者瞠乎不及是不可不注意以研究之也據德國醫界報告就收入

於感化院之頑童五千餘人中其以牛乳育者居百分之八十二又紐約市有梯巴氏者於市中小學校落第學生四千人中調查所得則百分之八十七、乃牛乳所育者更就優等生二百人中而研究之其飲牛乳者、僅占六十五名觀此、則牛乳之適否可斷爲賢母者、毋使可愛之子飲牛之乳而爲牛之子也胃之消化力雖同是人類亦因而異同是一人亦因年代而異小兒之胃適於消化乳糖故牛乳一物亦不爲大惡然至九歲十歲時此力已減去一半十五六之頃此力僅存三分之一一届丁年以往殆全失矣故人飲牛乳每作酸醱酵而成瓦斯職是之故也膽汁病、定期之頭痛病、及其他舌白等症皆從牛乳而來且牛乳不獨自身爲患猶能以牛之各種疾病傳之其人如肺病、霍亂、台科奈德熱、及支夫的里等多爲牛乳所傳染、至於結核性的肺病其起於牛乳者、十常八九以牛在動物之中蓋至易受肺結核病者也觀美國政府公佈平均一百頭中有三頭患此病者某鄉邑所畜受病居其半數又歐洲某都市亦報告該處之牛患病者過半在今日觀之勢必日熾由此遺傳波及欲求無病之牛將不可得而飲乳之廢止將有日矣幸此傳染之病非不可預防果能以牧馬之法養之潔其栖止之地使行適宜運動時時爲之洗刷取乳時尤須鄭重殺菌而飲之若求其萬全者要以不飲爲佳又據美國衛生局報告謂牛乳縱如何漉濾而乳中仍有肥料枯草細毛塵土種種不能消化之小屑至其黴菌之多波士頓市中檢查一滴中已有六十萬枚歐洲各大都市平均一兩中有二億五千以上其最多者有五十四億寧非可懼邪雖其中不盡爲腸窒扶斯及虎列拉之菌然亦不可輕忽以其能使胃中食物腐敗當同化時每起頭痛等病且使食物之營養分銳減牛乳之無益而有害者如是則他乾酪等物可決其非佳品矣然則卵之爲物何如蔬食者流有以爲卵固動物性之物一旦腐敗不能自殼外測之遂曰卵不宜食是亦過情之論吾人所以不肉食者非徒以其爲動物性之謂亦謂其動物性中之不適於食者耳若以卵爲動物性且不適於食殊亦武斷卵之營養分類似胡桃其未孵化之前

無通常動物性所具之尿酸等毒其中卵白約一安士卵黃則一安士有半十枚之卵其營養分可敵一斤之肉就卵白而論水居七分之六其一爲蛋白質黃則六分之一爲蛋白三分之一爲脂肪二分之一爲水分其他各種之卵或含鐵質及石灰等分要之十五枚中已備吾人一日應需之蛋白九枚之中已備一日所需之脂肪故以十二枚之卵與麵包一方足爲大人一日食料然卵之爲益在新鮮之時始著若既壞者至不宜食又煮之半熟消化最易過熟則爲害矣然以其蛋白質過多故不可多食非若脂肪澱粉多則存貯體中原無大患蛋白過多能亂血液疾病將由是而生焉總以上所言人苟食其所不宜食之物不特無益且足爲害至其所宜食者不外植物性之食物無論東洋西洋皆當食之顧世人醉心於皙種習尙甘受肉食之毒良可慨也近世主要食品咸推麵包然僅食麵包不足以養生宜兼食富於蛋白質者若胡桃雞子誠不可闕此外更須糖分及脂肪質者當向果實求之凡此皆吾人天然食品又何須取彼穢濁之物哉此外復

有一切飲料及嗜好品夫既名嗜好則其無食物價值可知酒與煙草茶與咖啡類皆有害而無益菸酒之害於衛生在今日可毋俟喋喋使人神志昏惰性氣易狂身體日弱皆酒之所致以言其害何可勝道若利則不能舉其一矣顧著芋之輩猶怒目而爭曰飲不過量亦殊有益吾不審其何據也彼以刺戟愉快爲利不知樂之所在卽禍之所生猶以雅片治病不虞轉病於鴉片也當其酒氣拂拂遑暇停杯却顧或心知其意終不敵拍浮之樂於是酣沈而不可藥矣茶之害不下於酒然日常所用人每忽之茶與咖啡所含毒質居百分之三至百分之六世有不可名狀之病終日昏昏似因勞動或氣候所致實則茶之爲患耳好飲茶者每見神經衰弱顏色慘白足證其毒且茶酒二物若嗜之成癖偶不痛飲輒有所不安茶之爲物哥富芬(Coffein)而外更含單寧酸及其他數種毒質足爲神經統系及消化器作用之大患據裴氏所發明一盞茶中之哥富芬能令胃中酸分全失其效又羅巴特氏之實驗謂茶能防止唾液消化澱粉之作用德國一生理學

者。嘗證明連日飲茶之人。其消化力減去三分之一。又謂單寧酸不特妨害澱粉消化。於蛋白質之消化。亦有障礙。欲免各弊。先宜去水厄云。

第七章　吾人所以主張素食

吾人主張素食。匪特可以養生。抑謂非素食不能養生也。所謂素食。自非糠覈草具之謂。其鮮潔甘芳。有足樂者焉。近學者之論食物養生。約分三派。其一、爲普通所行者。主營養分說。所食惟營養是求。如蛋白澱粉脂肪等事。而尤以蛋白爲重。次、爲意大利學派。主鹽分說。蓋本於化學見解之說也。此說謂人體憑鹽分作用。然後能活。鹽分調和得宜。自無疾病。否則一部分調和不適。旣呈異狀而疾病遂生。若蔬食素食。至爲合理。以其能調鹽分而使之和也。顧此說所謂鹽分。非指食鹽而言。意謂如加里、蘇達、各種之礦物鹽耳。第三、則主百布聖說。百布聖之用。或造營養分。或增加營養分。其營養過多者。亦能減之。故食物不可不擇其含有百布聖與夫能造成百布聖者也。此三說皆趨於極端。三者之中。儻固執一說。不顧其他亦未免大愚吾人所食務取營養充分且含有鹽分及能造百布聖者斯爲佳矣食物既備此三事然使其一旦易地則物性質變一旦易人則人之消化及其所需者變是二者猶須注意酌量如獸類之與人類其體肉構造既異則其所宜取者隨之而異同爲人類而西洋人與東洋人其體質既異則食物亦隨之而異至若小兒之與成人壯者之與病夫則又從其身體狀態而爲之分別矣漫不加察徒以調和鹽分爲必要雖遇病夫仍守其化學見解與以不能消化之物不已顛乎如以爲所食必求消化之物(卽營養分說)雖屬壯者乃務去其成精力與骨骼之鑛物質亦未足爲通論也由是而言吾人素食養生之說於成人壯者小兒病夫之間不無分別惟本書就普通康健之人而論彼小兒病夫養生法姑俟異日言之雖然既能一定普通養生之法則其他一切自不難以常識習慣求之思過半矣人生所食各以地異西洋所重者爲肉東洋所重者爲穀吾國本以農立國其土地氣候尤宜稼穡粒我烝民垂數千禩矣至近日始有以麵包代

米麫包有米糠之質料故人齒及骨所須鑛物質亦復多有且能刺戟腸胃使其消化作用愈形活潑固食物中之妙品也或以爲米如長食能致脚氣之患是不無過慮然愼毋過於精鑿以去其外皮其能餐彼粗糲者愈佳尤須副以豆麥互爲補助彼無知米賈務眩粲潔至混沙入米而舂之是亦一大罪過須知米經多鑿能使其三分一之蛋白與二分一之脂肪隨糠粃而去矣有作胸骨神經及筋肉之特效豆類亦各有其功而通同功效要以多食蛋白質也豆、醬與豆腐、醬油、可代卵而用抑其效且視卵爲勝遑論牛乳牛肉一升之豆其營養分已敵肉一斤其他養營分爲牛所無者豆乃具備其皮殼爲健胃之物益人精力豆腐之養分固多其未下苦鹽凝固者曰漿以代牛乳尤有奇效豆漿一合含蛋白十八分脂肪十八分含水炭素二十五分鹽分七分而適於人體中最貴之蛋白乃較牛乳多二倍有半脂肪與含水炭素多一倍有半是則飲豆漿一合已是當牛乳二合半矣且豆漿之蛋白較牛乳者易於消化吸收有病無病皆宜常用此物雖窮山僻壞不難致之其値廉其製易以大豆一合入水四倍浸十五小時取豆擂碎拌水煮之至沸以葛布漉之可得豆漿一合五勺下單舍利別少許分二次飲之冬日雖朝夕可用惟夏日每易敗壞須隨飲隨製其濃淡多寡任意爲之然以其脂肪較多於牛乳下痢亦易常飲則取其稍薄者自然無妨醃漬之物有堅固筋骨之功然胃弱者不宜多食尤以肉類爲忌此外如胡椒芥子及薑桂等物徒戟刺味覺無他效用卻爲腦與胃腸之大患胡桃類、論其性質養分皆置首要其特質全爲脂肪蛋白之固體而脂肪之爲質復純食後立行溶解而爲同化作用既入胃中雖遇酸液猶不虞其凝結（動物性之脂肪不爾）卽其中之蛋白亦含有脂肪焉果物不獨富有營養且具重要酸液及百布托辛其未熟者則有如蔬菜之纖維多費消化之力爲益無多迨其成熟儼然自行調製得宜水分旣甘糊質亦變爲果糖一若旣經消化者矣飲果汁如飲瓊漿使人元氣頓王以其咽後便卽消化並能助他種食物消化且有殺菌之功故美國加富爾柯爾尼亞等州盛行果物療治一法尋常熱病、及胃腸等疾皆可治之胃健人食果不妨并食其皮胃弱者食之尤須細嚼然飯時以其酸故將令唾液之用頓殺（按酸物入口、倍覺饞涎、此非酸能促唾液分泌、實則唾液作用既爲所防壓、務求勝之、不得不分泌多量也、）爲消化礙故宜飯後始食茲將各種食物之營養分列成一表以資採擇如左、

物品	水分	蛋白	脂肪	含水炭素	纖維	灰分
糙米	一四・三〇	八・六〇	二・〇〇	七三・九〇	一・三〇	〇・五九
精米	二〇・六〇	五・八〇	〇・三〇	七二・五〇	〇・四七	〇・三三
粳米	一四・三〇	八・六〇	二・〇〇	七三・九〇	一・三〇	〇・九〇
糯米	一四・三〇	八・五〇	三・一〇	七三・一〇	一・〇〇	一・九〇

糠	一三・〇〇	一七・二五	一八・〇一	二九・一九	一〇・三三	一三・三三
大麥	一四・三〇	一〇・〇〇	二・五〇	六三・五〇	七・一〇	二・二〇
小麥	一二・六〇	一二・三五	一・八四	六九・八四	二・八五	一・五四
玉蜀黍	一三・三五	九・四五	四・二五	六九・三三	二・二九	一・二九
黍	一三・六〇	一〇・三七	三・六〇	六九・七〇	〇・九一	一・八〇
粟	一三・三四	一二・五七	五・五五	六五・三四	一・六五	二・五五
稗	一三・〇〇	一二・七八	一三・〇三	五三・〇九	一四・七五	四・五五
蜀黍	一二・四六	八・九六	三・九七	七〇・二五	三・五九	一・九五
蕎麥	一四・〇〇	九・〇〇	一・五〇	五八・七〇	一五・〇〇	一・八〇
蕎麥粉	一三・九〇	一三・一三	二・七三	六九・六六	一・一六	一・四三

素麪	一四·〇五	一一·一五	〇·八八	六七·四七	……	六·五一
白大豆		三六·七一	一七·四三	二四·九二	二·四七	五·〇〇
青大豆		四二·八五	一三·五八	二三·六八	二〇·九一	四·七〇
甜醬	五一·五〇	一〇·七一	六·〇四	一九·一五	四·五〇	八·一〇
鹹醬	四八·五四	一五·四二	五·九四	一一·三六	四·七二	一四·〇二
醬油	六六·三九	八·七一	一·七五	三·八〇	……	一九·四五
豆腐	八八·七九	六·五五	二·九五	一·〇五	〇·〇二	〇·六四
豆腐皮	二二·八五	五一·六〇	一五·六二	六·六五	〇·四六	二·八四
豆腐滓	八五·六六	三·六六	〇·八四	六·三五	二·九〇	〇·五九
豌豆	一三·九二	二三·一五	一·八九	五二·六八	五·六八	二·六八

蠶豆	一五・一六	二六・八八	一・二九	四九・七四	一・三三	三・一二
赤小豆	一三・二〇	一八・三四	一・四三	五九・五六	六・〇六	二・六〇
落花生	七・五〇	二四・五〇	五〇・五〇	一一・七〇	四・〇〇	一・八〇
炒落花生	……	二七・五三	三五・二一	……	三・九八	二・八〇
萊菔	九四・五五	〇・七三	〇・〇一	三・七〇	〇・五二	〇・四九
蕪菁	九四・〇〇	一・六二	〇・〇七	二・八二	〇・七一	〇・七八
人參	八九・一二	一・二五	〇・三五	七・四一	一・一〇	〇・七七
白甘藷	六七・一八	一・三五	〇・二九	二六・七七	二・四八	〇・九三
紅甘藷	七五・二四	〇・九二	〇・二六	二〇・九五	一・三三	一・三五
馬鈴薯	七五・〇〇	二・一〇	〇・二〇	二〇・七〇	一・一〇	〇・九〇

芋	八五・二〇	一・四〇	〇・〇八	一一・七〇	〇・六三	〇・九九
藕	八五・八四	一・〇九	〇・二〇	一一・一四	一・〇三	〇・七一
百合	六九・六三	三・三四	〇・一一	二四・一五	一・四二	一・三五
茨菰	六九・二八	四・二七	〇・二〇	二五・三六	〇・四五	一・四四
牛蒡	七三・九三	三・二〇	〇・一三	二〇・六一	一・九四	〇・八二
蒟蒻	九一・七六	一・〇〇	〇・七九	六・四三	〇・三五	〇・三五
獨活	九五・二〇	一・〇六	〇・一〇	二・四七	〇・七〇	〇・五七
葱	九二・六三	一・四七	〇・〇七	四・三三	一・〇六	〇・四〇
球葱	八五・九九	一・六八	〇・一〇	八・〇四	〇・七一	〇・七〇
筍	九一・七九	二・五九	〇・一一	三・三一	一・一〇	一・一〇

孟宗筍	九〇・二二	二・二八	〇・二二	四・四七	〇・九〇	一・〇一
白胡麻	六・九三	二〇・五四	五一・五七	一三・六〇	……	八・三六
黑胡麻	六・六五	一九・六五	四四・一五	一九・四三	……	一〇・一三
蕨	九一・一八	二・八三	〇・一三	一・四二	三・二七	一・一八
薇	六・三〇	二〇・二六	〇・四九	四一・九六	二〇・二五	一〇・七四
西瓜	九四・七六	〇・一六	……	四・七七	〇・一〇	〇・二二
甜瓜	九二・四〇	一・一五	〇・四八	四・一〇	一・二四	〇・五九
南瓜	九二・二四	〇・六五	〇・一三	六・〇八	二・一五	〇・七五
胡瓜	九六・六四	〇・八五	〇・〇八	一・九六	……	四・〇七
銀杏	五〇・〇〇	一三・八七	三・一八	四一・七二	〇・三九	一・八五

茄子	九四·〇〇	一·〇〇	〇·〇六	三·二一	一·四一	〇·三三
栗	五七·八九	二·九〇	〇·三八	三六·四九	一·二二	一·三三
胡桃	四·七四	二六·四二	五九·一八	三·一九	一·五四	二·八八

又表

品物	水分	糖分	蛋白	鹽分	不溶解物	礦物質
林檎	八四·七九	七·三	〇·三六	〇·四九	一·五一	六·六三
梨	八三·八〇	八·二六	〇·三六	〇·三一	四·三〇	三·七一
柿	三一·四九	一·五〇	六五·二三	······	一·六七	〇·一三
桃	八〇·〇三	四·四八	〇·六五	〇·六九	六·〇六	八·〇九

更將動物性之食物列其營養分爲一表以資參考如左

物品	水分	蛋白質	脂肪質	含水炭素	鹽類
牛肉	六八·一〇	一三·三〇	一六·四〇		二·四〇
馬肉	七三·六二	二四·四九	〇·六七		一·一七
豚肉	五五·三〇	一四·〇〇	二八·一〇		二·六〇
卵白	八五·五〇	一二·八七	〇·二五	〇·四八	一·〇一
卵黃	五一·〇三	一六·一二	三一·三九	〇·四八	一·〇一
鷄	七三·六七	一二·五五	一二·一一	〇·五五	〇·一二
鳧	七四·一六	二三·二四	〇·二三	〇·一九	一·一九
鴨	七〇·八二	二二·六五	三·一一	二·三三	一·〇九

家鴨	三八・〇三	一五・九一	四五・五九		〇・四八
鷄	七六・三三	一九・七三	一・四三	一・二七	一・七三
鮪	七二・七五	一五・七九	一〇・六四		一・八二
鰹節	一四・二七	七五・六〇	五・二		五・〇二
鯉	七六・八六	一八・九四	〇・八四		一・三七
鰛	七〇・二五	二一・三九	六・七二		一・六四
鰻	六九・二四	一八・〇九	一一・五三		一・一四
鮭	七三・〇二	一六・八〇	七・九〇		〇・九九
鹽鮭	六二・五六	二六・一〇	三・一四		九・二〇
鮎	七六・九〇	一七・六六	一・八九		一・五五

牡蠣	八九・八九	八・四五	〇・八九		〇・七七
鮫	七三・五九	二四・八七	〇・五〇		一・〇九
鱸	七七・七〇	一八・六二	二・五九		一・〇九
鱔	三六・八六	九二・五二	一・七六		五・三五
人乳	八四・七三	一・五三	二・九七	澱粉七・六一	〇・一六
牛乳	八六・三三	三・六〇	四・五六	四・七二	〇・七二
猍乳	二五・九六	一三・三三	一〇・九五	四八・六〇	二・三四

更就意大利派之鹽分說詳列一表如左。

物品	加里	蘇達

卵	○·一六	○·二一
精米	○·二一	○·一一
大麥	○·五六	○·○六
小麥	○·三一	○·○三
大豆	一·二六	○·○三
豌豆	一·○七	○·二三
糙米	○·二○	○·○四
粟	○·二三	○·○四
糯米	一·一五	○·○三
胡麻	○·六二	○·○三

胡瓜	〇・七三	〇・一九
人蔘	一・四三	〇・三五
茄子	一・九〇	〇・四〇
甘藷	〇・三五	〇・〇四
牛蒡	一・四三	〇・〇二
馬鈴薯	一・二一	〇・〇五
林檎	〇・五六	〇・〇四
梨	〇・二〇	〇・〇三
赤小豆	一・一五	〇・〇七
蕎麥	〇・三一	〇・〇九

萊菔	○.五一	○.一五
葡萄	○.五○	○.○五
牛乳	○.一七	○.○四
牛肉	○.五一	○.一五

第八章　餘論

素食養生猶不可忽者曰烹調法食品中雖有極好之營養分苟烹調不得其宜亦不宜食然詳論此事究非此書本旨今擇要言之改革庖廚其第一急務也凡油醋葷辛沙糖等物首宜屏斥勿用動物之油自不可用卽其他油類非自然脂肪者亦當禁絕蓋在胃中不與食物混和直浮游於食物之上膠膩胃壁致胃液不能暢行分泌其在口內且妨唾液與澱粉溶化使難消化也據法醫士某發見謂醋之害及肝臟視阿爾哥保兒(Alcohol)尤甚又英人魯巴芝教授試驗所知

以一匙之醋能將變化一次食爲糖分之唾液敗之有餘且醋時含鹽酸一觸及齒與其他組織立爲大患胡椒薑桂及五葷等類略無營養但令食物失其風味於味官胃腸受一種難堪之刺戟欲憑此促進食慾直召病之惡劇耳食此每令肝藏脾藏激動成慢性便秘爲膽石病痔瘡病之緣起沙糖在腸中略受消化然由口及胃皆無所用之多食適成瓦斯作酸至起腸痛於同化作用不利如尿崩等症多由此生沙糖之爲物乃取於植物根莖以成於牛胃特爲適合（所謂沙糖非乳糖果糖飴糖蜜之類）以上四物在烹調中原無必要彼村農之家有終歲不用沙糖等物其肴饌但以鹽調之蓋風味自在矧吾國所製醬油鹽豉精美甲於世界是豈不足爲用耶凡食最忌急遽有未嘗其味早已下咽者其胃必病食馬者、恆雜小石、投食料中使其自行揀除無暇驟咽爲法誠善人亦宜體其意多事咀嚼美國人性急食物不能耐久食物咸取柔軟尤好啜汁故美人多病胃弱齒亦不固英人嘗名胃病爲阿美利加病又美國牙醫獲利恆比他國爲多吾人蹈此病者宜從速改之麵食本易消化然世皆以爲難者無他啜汁者衆耳食物多水漿者不能促進唾液分泌顧世人已成積習一若非水漿不能入口將奈之何或問一日食量應需若干此則宜視其人之體質、事業、與夫氣候而定今表其普通平均數如左

類別	蛋白質	脂肪質	澱粉質
第一類	蛋白質　九五・七	脂肪質　一二八・〇	澱粉質　四五四・三
第二類	蛋白質　一〇一・〇	脂肪質　一二九・〇	澱粉質　四四六・六
第三類	蛋白質　一〇一・五	脂肪質　一一九・四	澱粉質　四三四・七

右表所舉乃食物之質量（以克蘭姆爲單位）而非其體量其含水分等物不計食物過多則胃勞、而起擴張之病過少則略無激動而胃力日以緩弱故宜適可乃止且年有長幼之分體有強弱之異此中須參酌體重二百磅者其視一百

磅者不能倍其食量蓋食物所以生熱而體熱多從皮膚發散皮膚之面積若較廣大則生熱之地多而食物亦較需多量皮膚面積之比例就一百磅人而計每磅占十九平方英寸以二百磅人計之則每磅占面積僅十五平方英寸凡人取食以其四分之三爲生熱之用故二百磅與一百磅人應食之比例當爲二與三之比準是則二十磅重之小兒一磅有二十五平方英寸之面積與一百六十磅之成人相較其重僅八分之一故食物當取四分之一也男子較女子多食者亦因生熱不同如出外操作之男子以所食四分之一用之作事其四分之三以爲生熱女子逸居以所食十分之一用之作事其十分之九以爲生熱以數表之男子生熱爲一〇五〇〇女子則八五〇〇以食物換算每日所食爲二兩之脂肪四兩之澱粉是故女子與男子同其食量其每日贏四兩之澱粉卽以之生肉男子與女子同其食量每日旣欠四兩之澱粉必形消瘦矣前述蛋白質卽成形質亦名含窒素物乃所以組織形體者其他食質有不足時亦不爲之彌補惟澱粉

脂肪糖分皆燃燒質亦名無窒素物其材用有類乎薪一方過多足以補他方之不逮然各種食物無有能全備此三事及水鹽分者故必須自計其調劑之數今以日人山崎今朝爾所示每日所需之蛋白質欲由一物而得之其物須食若干列表如下

物品	所需	物品	所需
豌豆	一斤有奇	雞卵	十八枚
小麥粉	一斤半	米	一升三合
牛乳	一升五合	芋	十五斤
菜類	十五斤	萊菔	十七斤
豆	十一安士二	胡桃	十六安士二

落花生	十一安士六	麪包	三十四安士四
南瓜	二百七十二安士	林擒	七百五十匁
桃	四百二十匁	菌類	二百七十二匁
葡萄	五百匁	豆腐	十四安士

次就。一物中取。一日所需燃燒質。其數如下。

物品	所需	物品	所需
蔬豆	二斤	卵	四十三枚
芋	六斤	乳	二升五合
菜類	十八斤	萊菔	五十斤

米	六合	小麥	一斤半

人體蛋白質不足則腦血、神經、筋肉、頓形缺乏然過多亦有大害是不可不知也若澱粉脂肪、過多輒存體中以爲他日彌補之用原不爲患若蛋白質殊不然矣一日過多卽成酸素缺乏之謂食物全部不能消化或半經消化滯留體中於是尿酸亦不能成爲尿素以向膀胱排出此尿酸之害能減殺血中之亞爾加里性使其失防拒疾病之作用又衝動神經組織惹起僂痳質斯及神經痛等症食肉食卵者恆患此等病皆因蛋白逾量致釀尿酸之害欲知此種爲患之尿酸於食物一斤之中有若干克蘭姆存在特表之於下

物品	量數	物品	量數
鮭	八·一五	豚	八·一四

牛肉	一四·四五	麪包	○·○○
米	○·○○	豌豆	二·五四
豆	四·一七	芋	○·一四
卵	○·○○	牛乳	○·○○
咖啡	四·五三	茶	三·二二

右表唯茶與咖啡所食之量乃就一品脫中計之脂肪質為精力之源計日所需如僅向一物求之其數如下

物品	所需	物品	所需
栗	二七·七安士	落花生	三·八安士
胡桃	一一·二	豌豆	七八·九

豆	五〇・〇	鷄豆	七八・九
小麥粉	一三六・三	蜀黍粉	三九・四
米	一六六・六	芋	七五〇・〇
卵	一四・三	牛乳	三七・四

食物忌和以水漿而冷尤忌（凡冷物不可食我國戒食生冷此意獨善）以其不及咀嚼順流而下實妨消化之力普門德博士嘗就馬丁氏之胃施其實驗以冷水一杯飲之彼胃中食物驟降七十五度經一時三十分後始漸復元是則消化作用已停卻一時三十分矣水之含鑛質者雖與蔬菜同功略能刺戟胃腸使之活動然常飲則必爲害彼酸性過多之胃病亦固多飲石灰性及亞爾加里性之礦水所致而亞爾加里性之胃腸病其起於多飲鑛水更無疑矣有問每日飲食究以幾次爲宜者此當察食物消化幾何時自不難定大抵在養生使食物完

全消化至少須五六小時而就食之前更當以一二小時休養胃力故兩膳之間宜距七八小時爲佳未過此時而復進食則前次食物尙留於胃方以水分及熱在消化中此際突來新進重行發酵作用將害及全體營養分又因作酸之故使胃受一種慢性之病而胃中作酸物與胃液混居過久胃中加答兒、於是乎起且日常飲膳尤當視其人職業及食量而定如教員、學生、律師、僧侶、等輩身體之勞動旣少則以晨早八時午後三時爲最合昔日希臘人、及希伯來路芝人皆日再擧火至今仍爲兩餐若夫三餐四餐直文明之餘弊務充其口腹之慾而已夫睡眠爲最要事欲安睡而無擾須令睡中之胃早屬休息不然、胃而動作而求酣醰猶熾炭而求熸熄也要之食物消化非八小時不可故晚飯總、以不過午後三時爲佳若晨起之際胃力方蘇食慾未進故早膳前、宜略行運動美國米西干省之巴克特爾達里奇醫院凡病者及看護執事等衆皆實行此法彼輩嘗言兩膳之與三餐其病勢勞力乃大差別而兩膳尤覺適合云健飯之夫從事勞力者未嘗不可三次進食然究爲例外矣又消夜讌飲之風近世益盛其爲患益烈入夜之胃方事休養胃液之力弗强其分泌亦復無多而肝膽腸臟皆停止動作驟然飽食將患不眠之症及神經衰弱胃弱等病而兩膳之外無定時而食者謂之間食吾人犯此最多客至恆設茶食情意固殷第不免爲客累矣此種惡癖童而習之使父兄能盡其督責庶終身不受胃病然而快一時之果腹貽禍於無窮者正不獨童穉爲然耳每見奔忙之人多染胃病則食不暇嚼亦其食無定時也嗟夫、飲食所以養生乃動輒幡然戕賊可不慎哉復有襁褓小兒呱呱不已慈以爲須乳立擁諸懷卽此已成習慣異日恆以小兒之多病積滯歸之天性實則一切飲食於不知不覺間早釀成其病矣每歲嬰兒死亡過半職是之故飲食之無定時者於便秘亦有關係蓋消化機之動作本有順序若飲食有恆則夜來休息之腸臟知早飯將至蜿蜒蠕動以結腸下部渣滓排之使下其在上部者續續下降早飯、後遂行排洩此其普通者也或就食未幾又以物進於是順序的動作不能繼續而便秘之患乃生更進言之與其多食一次無寧缺少一餐尋常食物之消化經二三小時後水鹽素乃不復出水鹽素爲消化不可缺之物然苟不以一定時間與胃休息則難望其分泌縱屢入多量食物固無消化之效徒勞苦其胃至於少食一次不過營養分略減而胃力且得藉此以有餘閒焉或以疲勞疾病之故影響及胃則胃液之分泌少胃囊之收縮不健此時不宜驟食惟進以粉糊俾易吸收筋既得肝糖元氣略旺始飲以米粥、果漿及飴糖等類弗宜運動以運動多需血力而胃中待以消化之血力將爲運動所取去也某名醫以其所畜二犬施其實驗而報告於衆曰吾於二犬中使其一飽食後追狐逐兔歷數小時剖解驗之該犬胃中食物一若初下咽者其一、食之如前但使其居於戶外剖解之時既同而胃中食物早經消化矣又食物之配合佐使一事頗爲重要不可專食一物宜取更換以調劑之以食品過簡則食慾不熾且其含有營養不多恐不應身體之需求也然過於淆雜亦不爲益夫肉、食肉獸之胃所食也魚、具七種消化力之鯨鯢所食也山肴野蔌有四種特別消化力之牛羊所食也草實木實、猿猴類之胃宜之而人以單純之胃於一飯兩膳之間食此十三種胃力所食之物其結果可知已慾壑既盈其患愈張果何樂而爲是耶就前表所列之物每食不過四簋勿冷勿熱務得其和夫亦善矣本書已屆結論猶須略就飲料言之就食之際固宜屏去水漿惟就食之外飲料誠不可缺蓋食而不飲不能洗滌消化器使之潔淨口燥唇乾自應飲水然數數舉杯皆因習慣所致雖在需求之時反有不欲飲者矣若飲之過多則胃有擴張之虞血液亦將淡薄其飲冷水者須在口內含暖始行咽下疲勞之際飲如長鯨恆有因此遽殞其生者不可不慎吾人常謂食前飲水爲無害庸詎知其不然微獨食前爲患卽平時過量而飲亦必致胃加答兒及水腫等病且胃中粘液爲之滌蕩殆盡矣雖然、水亦有時可以愈疾如酸性過多之胃病於就食半小時前宜飲半杯熱水其酸性過小之胃病則以冷水爲佳又凡病熱每小時須以一杯、或半杯、之水飲之僂痲窒斯病無論渴燥與否須水六合以至一升云有入果汁於水而入飲者殊亦新好惟略投以砂糖便失其效西瓜、誠妙物也或以爲不易消化且慮下痢此特未熟與過熟者爲然其熟且鮮者咀嚼成漿至適於胃第一安全無病者、爲蒸溜之水山泉徵嫌過冽亦以新潔爲要濾過之水固佳但有時因器具不潔反貽巨禍此外類皆汚濁非沸至十五分鐘不可飲凡虎列拉、窒扶斯、及痲利亞、諸病多由飲水所致夏日尤當注意宜飲沸水及果子汁市上售冰大抵由汚濁川河之水成之迨既溶解水中微生物復活其害至烈雖涓滴勿以沾唇可也

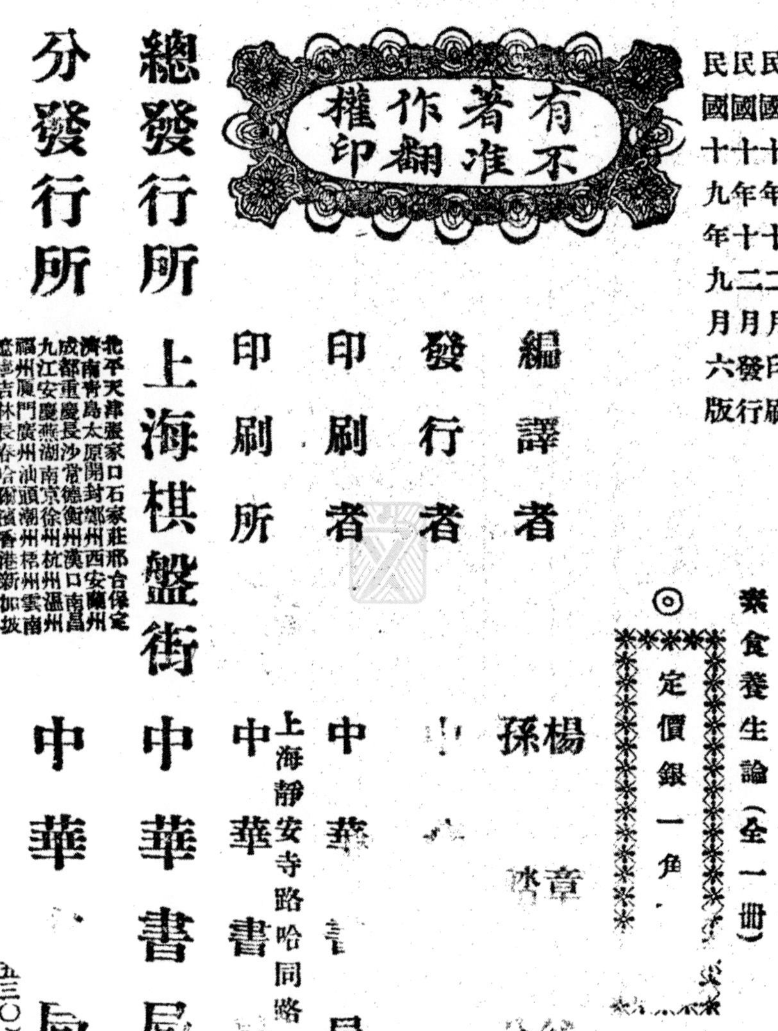

民國十二年十二月印刷
民國十二年十二月發行
民國十九年九月六版

有著作權
不准翻印

素食養生論（全一冊）

◎定價銀一角

編譯者 楊章父 孫濌公
發行者 中華書局
印刷者 中華書局
印刷所 上海靜安寺路哈同路 中華書局
總發行所 上海棋盤街中華書局
分發行所 北平天津張家口石家莊邢台保定濟南青島太原開封鄭州西安蘭州成都重慶長沙常德衡州漢口南昌九江安慶蕪湖南京徐州杭州溫州福州廈門廣州汕頭潮州梧州雲南遼寧吉林長春哈爾濱香港新加坡 中華書局

（五三〇）

書名：《壽康素食譜》《素食養生論》合刊
系列：心一堂・飲食文化經典文庫
原著：【民國】默雷居士 【民國】楊章父、孫鰭志編譯
主編・責任編輯：陳劍聰

出版：心一堂有限公司
通訊地址：香港九龍旺角彌敦道六一〇號荷李活商業中心十八樓〇五一〇六室
深港讀者服務中心：中國深圳市羅湖區立新路六號羅湖商業大厦負一層〇〇八室
電話號碼：(852) 67150840
網址：publish.sunyata.cc
淘宝店地址：https://shop210782774.taobao.com
微店地址： https://weidian.com/s/1212826297
臉書： https://www.facebook.com/sunyatabook
讀者論壇： http://bbs.sunyata.cc

香港發行：香港聯合書刊物流有限公司
地址：香港新界大埔汀麗路36號中華商務印刷大廈3樓
電話號碼：(852) 2150-2100
傳真號碼：(852) 2407-3062
電郵：info@suplogistics.com.hk

台灣發行：秀威資訊科技股份有限公司
地址：台灣台北市內湖區瑞光路七十六巷六十五號一樓
電話號碼：+886-2-2796-3638
傳真號碼：+886-2-2796-1377
網絡書店：www.bodbooks.com.tw
心一堂台灣國家書店讀者服務中心：
地址：台灣台北市中山區松江路二〇九號1樓
電話號碼：+886-2-2518-0207
傳真號碼：+886-2-2518-0778
網址：http://www.govbooks.com.tw

中國大陸發行 零售：深圳心一堂文化傳播有限公司
深圳地址：深圳市羅湖區立新路六號羅湖商業大厦負一層008室
電話號碼：(86)0755-82224934

版次：二零一八年五月初版，平裝

定價： 港幣 八十八元正
新台幣 三百五十元正

國際書號 ISBN 978-988-8316-14-4

心一堂微店二維碼

心一堂淘寶店二維碼